계산기 활용

대학기초수학

전춘배 지음

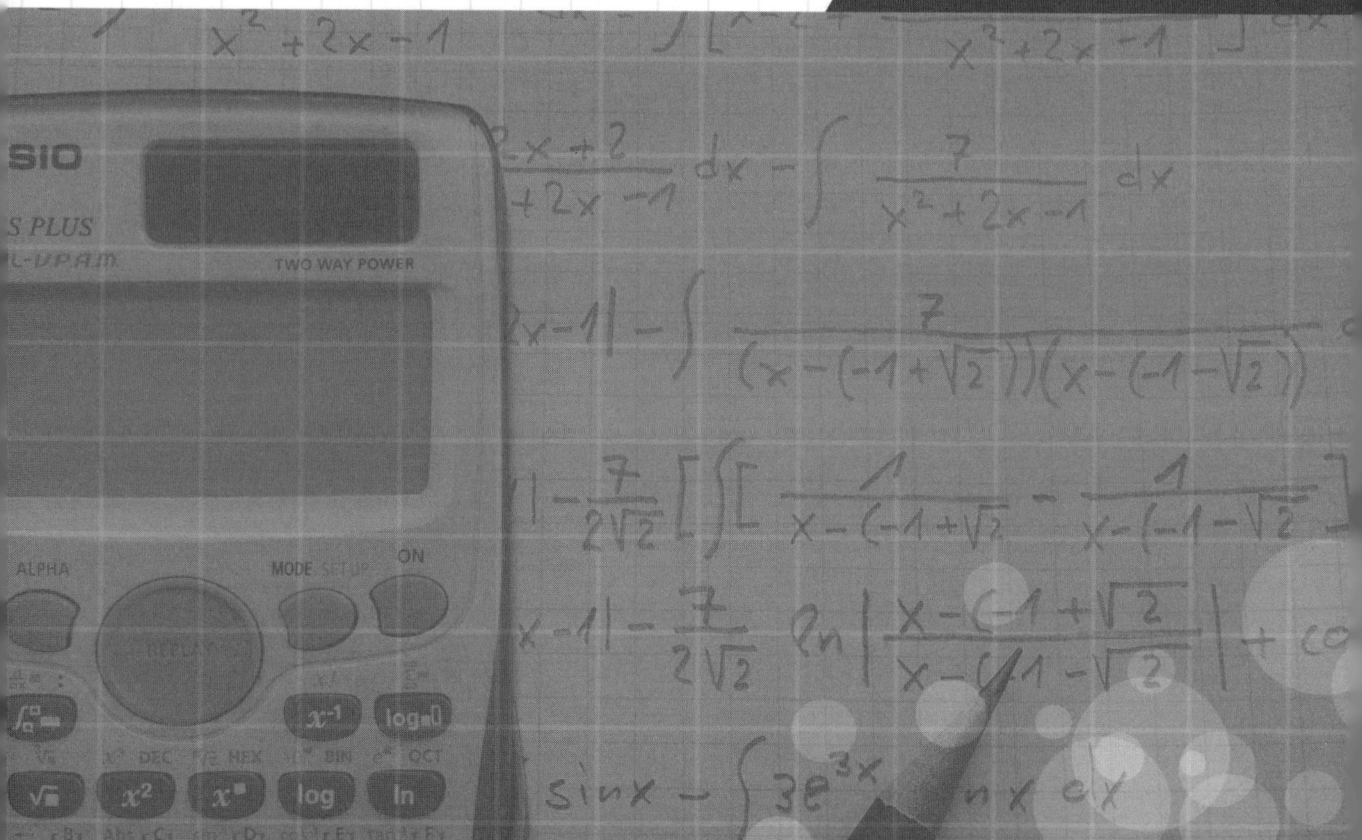

KM 경문사

머리말

수학은 모든 과학의 언어라고 합니다.* 수학을 통해 자연 현상의 여러 문제 상황을 기술하고, 수학적 지식과 해당 학문의 지식을 결합하여 실제를 해결하고 있습니다. 따라서 자연과학과 공학계열의 학생들에게는 기초수학에 대한 지식과 이해가 필수적입니다.

이 책은 지금까지 배운 수학에 대한 지식이 부족하다거나 더 필요하다고 생각하는 대학 신입생들을 위해 마련하였습니다. 여러 가지 배경으로 인해 수학에 대해 불편함을 가지고 있는 자연·이공계열 학생들이 문제 해결을 통해 필수적인 기초수학의 내용을 익히고 이를 대학 전공과목에 활용하는데 도움이 되고자 하였습니다.

이 책의 특징은 기초수학의 내용들을 엄선하고 독자 스스로 빠르고 쉽게 학습할 수 있도록 배려한 것입니다. 선별된 핵심적이고 필수적인 내용은 간략히 소개하고, 해당 개념을 문제해결을 통해 확인할 수 있도록 연습문제와 확인문제를 제시하였습니다. 특히 연습문제와 유사한 확인문제를 통해서 수학의 기본 개념을 한 번 더 확인할 수 있도록 하였습니다. 또한 각 단원별로 공학용 계산기를 활용할 수 있는 문제들을 수록하여, 계산기의 도움을 받아 기초수학의 핵심 내용을 확인하고 더 깊게 이해할 수 있게 하였습니다. 기초수학 문제해결에 필요한 공학용 계산기 사용법은 책의 부록에서 상세하게 소개하였습니다.

수학을 공부하면서 이해가 안 되거나 어려운 부분이 있을 수 있습니다. 하지만 부족한 부분이 어딘지 파악하고 해당 내용과 문제를 반복하여 연습한다면 반드시 극복할 수 있다고 생각합니다. 부디 이 책으로 학습하여 수학에 대한 흥미와 자신감을 가지게 되었으면 좋겠습니다. 마지막으로 이 책을 출판할 수 있도록 많은 도움을 주신 경문사 편집부에 감사의 말씀을 전합니다.

2017년 7월

저자

---

* "Physics is the language of the universe, mathematics is the language of all sciences, and biology is the language of all living things." (John Richard Bond, University of Toronto, Canada)

학습자 참고사항

- **연습문제** : 기초수학의 필수 개념을 연습문제를 통해 확인하고 이해할 수 있습니다. 풀이와 정답을 수록하여 스스로 연습할 수 있도록 하였습니다.
- **확인문제** : 연습문제와 유사한 문제로 확인문제를 통해 학습한 개념의 이해 여부를 확인할 수 있습니다.
- **공학용 계산기 활용문제** : 계산기를 활용하여 수학 개념을 확인할 수 있는 문제들로 구성하였습니다. 공학용 계산기 사용법은 부록으로 제시하였으며, 소수로 표현된 정답은 소수점 이하 네 번째 자리에서 반올림한 값입니다.

교수자 참고사항

- **교재 구성** : 16주, 1주일 2시간 수업을 기준으로 중간고사, 기말고사를 감안하여 총 14개의 장으로 구성하였으며, 15주 강의 시 마지막 장인 삼각함수는 생략 가능합니다.
- **강의 구성** : 주당 2시간 수업 시, 1시간은 수학 개념과 이에 따른 연습문제를 다루고, 1시간은 확인문제를 해결하거나 공학용 계산기 활용 문제를 해결하며, 수업시간에 다루지 않은 문제들은 과제로 제시할 수 있습니다.
- **계산기 활용** : 공학용 계산기 활용문제는 따로 풀이를 제시하지는 않았지만 부록의 공학용 계산기 사용법을 참고할 수 있도록 하였습니다.

책의 개선 관련 안내

- 이 책의 오류 정정이나 개선 사항은 아래 홈페이지를 통해 안내해 드리겠습니다.

  http://sites.google.com/site/primarymathwithcal 또는 http://goo.gl/jJf8ji

차례

1 CHAPTER 실수의 계산

학습 목표

(1) 유리수와 무리수의 의미를 설명할 수 있다.
(2) 분수를 포함한 식을 계산할 수 있다.
(3) 제곱근의 의미를 설명하고 계산할 수 있다.

1-1 실수의 정의

- 자연수 : $N=\{1,\ 2,\ 3,\ 4,\ \ldots\}$
- 정수 : $Z=N\cup\{0\}\cup -N$ 단, $-N=\{-1,\ -2,\ -3,\ \ldots\}$
- 유리수 : $Q=\left\{\dfrac{a}{b}:\text{단, } a\text{는 정수, } b\text{는 0이 아닌 정수}\right\}$
- 무리수 : $Q^c=\{$ 분수로 표시할 수 없는 수$\}$
- 실수 : $R=Q\cup Q^c$

연습 1-1 다음 실수를 유리수와 무리수로 구분하여라.

$$\pi,\ 3.7,\ -5,\ \frac{7}{3},\ 0,\ -\frac{3}{4},\ \sqrt{2},\ -\frac{\pi}{2}$$

1-2 절댓값

- $|a|=\begin{cases} a, & a\geq 0 \\ -a, & a<0 \end{cases}$

연습 1-2 다음을 구하여라.

(1) $|-12|$

(2) $|-6|$

(3) $-|12|$

(4) $-|-1.5|$

1-3 분수의 사칙연산

- $B \div A = \dfrac{B}{A}$
- $\dfrac{B}{A} = \dfrac{BC}{AC}$, 단 $C \neq 0$
- $\dfrac{B}{A} + \dfrac{C}{A} = \dfrac{B+C}{A}$, $\dfrac{B}{A} - \dfrac{D}{C} = \dfrac{BC}{AC} - \dfrac{AD}{AC} = \dfrac{BC-AD}{AC}$
- $\dfrac{B}{A} \times \dfrac{D}{C} = \dfrac{BD}{AC}$
- $\dfrac{B}{A} \div \dfrac{D}{C} = \dfrac{B}{A} \times \dfrac{C}{D} = \dfrac{BC}{AD}$

연습 1-3 다음을 계산하여라.

(1) $2 \div 3 + 5 \div 3 - 7 \div 3$

(2) $\dfrac{1}{2} + \dfrac{3}{4}$

(3) $\dfrac{9}{4} \times \dfrac{2}{3}$

(4) $\left(-\dfrac{7}{3}\right) \div \left(-\dfrac{3}{2}\right)$

1-4 번분수

- $\dfrac{\frac{B}{A}}{\frac{D}{C}} = \dfrac{B}{A} \div \dfrac{D}{C} = \dfrac{B}{A} \times \dfrac{C}{D} = \dfrac{BC}{AD}$

연습 1-4 다음을 계산하여라.

(1) $\dfrac{\frac{1}{3}}{\frac{5}{7}}$

(2) $\dfrac{1}{\frac{2}{3}}$

1-5 나눗셈과 대분수

- B를 A로 나눈 몫이 Q이고 나머지가 R이면

$$B = AQ + R, \quad \frac{B}{A} = \frac{AQ+R}{A} = Q + \frac{R}{A} = Q\frac{R}{A}$$

연습 1-5 다음을 대분수로 표시하여라.

(1) $\frac{13}{6}$

(2) $\frac{28}{5}$

1-6 사칙연산의 순서

- 괄호 안의 연산을 먼저 한다.
- 곱셈과 나눗셈을 덧셈과 뺄셈보다 먼저 한다.

연습 1-6 다음을 계산하여라.

(1) $5+3-2$

(2) $-10+4-(5-2)$

(3) $12+6\div 3\times 2$

(4) $2\times\{(6-2)\div 2+3\}$

1-7 제곱근

- $A \geq 0$일 때, 제곱해서 A가 되는 양수를 $\sqrt{A}$로 적고 제곱근 A라고 한다.
- $\sqrt{A^2} = |A|$

연습 1-7 다음을 간단히 하여라.

(1) $\sqrt{4}$

(2) $\sqrt{(-5)^2}$

(3) $\sqrt{144}$

(4) $\sqrt{0.01}$

1-8 제곱근의 성질

- $(\sqrt{A})^2 = A$
- $m\sqrt{A} \pm n\sqrt{A} = (m \pm n)\sqrt{A}$
- $\sqrt{A}\sqrt{B} = \sqrt{AB}$, $\sqrt{A^2B} = |A|\sqrt{B}$
- $\dfrac{\sqrt{A}}{\sqrt{B}} = \sqrt{\dfrac{A}{B}}$ $(B \neq 0)$

연습 1-8 다음을 간단히 하여라.

(1) $\sqrt{3} \times \sqrt{12}$

(2) $\sqrt{20} \div \sqrt{5}$

(3) $\sqrt{3}(\sqrt{3} - \sqrt{12})$

(4) $\sqrt{18} + \sqrt{32} - \sqrt{50}$

1-9 실수의 대소관계

- $A > B \Leftrightarrow A - B > 0$
- $A \geq B \Leftrightarrow A - B \geq 0$
- $\sqrt{A} > \sqrt{B} \Leftrightarrow A > B$ (단, A, B는 음이 아닌 실수)

연습 1-9 다음 두 수의 대소를 비교하여라.

(1) 2, 5

(2) -2, -5

(3) π, 3

(4) $\sqrt{8}$, $2\sqrt{3}$

확인 문제를 풀어봅시다!

확인 1-1 다음 실수를 유리수와 무리수로 구분하여라.

$$2\pi,\ 3.14,\ \frac{5}{3},\ -0.001,\ -27,\ \pi,\ \sqrt{3}$$

확인 1-2 다음을 구하여라.

(1) $|-5.1|$

(2) $|-3|$

(3) $-\left|\frac{1}{3}\right|$

(4) $-\left|-\frac{2}{3}\right|$

확인 1-3 다음을 계산하여라.

(1) $4\div 3-2\div 3+5\div 3$

(2) $\frac{1}{2}-\frac{3}{4}$

(3) $\frac{3}{4}\times\frac{2}{9}$

(4) $\left(-\frac{5}{3}\right)\div\left(-\frac{2}{3}\right)$

확인 1-4 다음을 계산하여라.

(1) $\dfrac{\frac{1}{2}}{\frac{4}{5}}$

(2) $\dfrac{5}{\frac{3}{2}}$

확인 1-5 다음을 대분수로 표시하여라.

(1) $\frac{23}{6}$

(2) $\frac{32}{5}$

확인 1-6 다음을 계산하여라.

(1) $5-3+2$

(2) $2-4-(6-3)$

(3) $12+6\times3\div2$

(4) $\{(9-3)\div2-3\}\times(-2)$

확인 1-7 다음을 간단히 하여라.

(1) $\sqrt{9}$

(2) $\sqrt{(-3)^2}$

(3) $\sqrt{169}$

(4) $\sqrt{0.0001}$

확인 1-8 다음을 계산하여라.

(1) $\sqrt{5}\times\sqrt{20}$

(2) $\sqrt{27}\div\sqrt{3}$

(3) $\sqrt{2}(\sqrt{2}-\sqrt{18})$

(4) $\sqrt{27}-\sqrt{12}-\sqrt{48}$

확인 1-9 다음 두 수의 대소를 비교하여라.

(1) $3,\ 9$

(2) $-3,\ -9$

(3) $\pi,\ 3.1$

(4) $\sqrt{7},\ 2\sqrt{2}$

계산기 활용 문제

문제 1-1 다음 분수를 소수로 표현하고 순환마디를 구하여라. (순환마디 표시 예, $1.23453453453453\cdots = 1.2\dot{3}4\dot{5}$)

(1) $\frac{2}{3}$　　(2) $\frac{13}{6}$

(3) $\frac{1}{7}$　　(4) $\frac{49}{198}$

문제 1-2 다음 순환소수를 분수로 고치시오. (참고 : 소숫점 이하 14자리 이상 입력한다.)

(1) $0.\dot{9}\dot{8}$　　(2) $1.\dot{4}$

(3) $2.3\dot{5}\dot{4}$　　(4) $-2.\dot{4}5\dot{7}$

문제 1-3 다음 나눗셈의 몫과 나머지를 구하여라.

(1) $25 \div 3$　　(2) $356 \div 25$

(3) $5485 \div 29$　　(4) $135187 \div 45$

문제 1-4 다음을 계산하여라.

(1) $82.92 - 27.41 - 8.33 - 32.35$　　(2) $42.4 \times 5.34 - 2.8 \div 0.32$

(3) $\frac{1}{3} - \left(\frac{2}{5} + \frac{1}{4}\right) \div \left(\frac{3}{8} \times \frac{2}{6}\right)$　　(4) $\left(2 + \frac{1}{2}\right) \div \left(2 - \frac{1}{2}\right) - \left(3 + \frac{4}{5}\right) \div \left(3 - \frac{4}{5}\right)$

문제 1-5 다음을 계산하여라.

(1) $\sqrt{50} - 4\sqrt{2} - 2\sqrt{3} + \sqrt{48}$　　(2) $\frac{1}{\sqrt{2}} - 2\sqrt{2} + \frac{6}{\sqrt{2}} - \frac{3\sqrt{6}}{2\sqrt{3}}$

(3) $(5 - \sqrt{6}) \div (\sqrt{54} - 1) + \sqrt{6} \div (\sqrt{54} + 1)$

(4) $\sqrt{2}\left(\frac{3}{\sqrt{6}}-\frac{4}{\sqrt{12}}\right)+\sqrt{3}\left(\frac{5}{\sqrt{18}}-3\right)$

문제 1-6 다음을 계산하여라.

(1) $\frac{\sqrt{15}}{\sqrt{32}}\div\frac{\sqrt{15}}{\sqrt{28}}+\frac{\sqrt{4}+\sqrt{7}}{\sqrt{3}}$

(2) $\frac{\sqrt{15}}{\sqrt{32}}\times\frac{\sqrt{15}}{\sqrt{28}}+\sqrt{\frac{\sqrt{4}+\sqrt{7}}{\sqrt{3}}}$

(3) $\frac{3.14^2}{3}+\frac{\sqrt{2.72}}{4}+\frac{2.72-\frac{1}{2.72}}{2.72+\frac{1}{2.72}}$

(4) $\frac{3.14^2}{3}-\frac{\sqrt{2.72}}{4}+\sqrt{\frac{2.72-\frac{1}{2.72}}{2.72+\frac{1}{2.72}}}$

문제 1-7 다음을 계산하여라.

(1) $\frac{\frac{1}{2}-\frac{1}{3}}{\frac{4}{3}+\frac{3}{5}}$

(2) $\frac{\frac{3}{5}}{1+\frac{2}{3+\frac{1}{4}}}$

문제 1-8 $\sqrt{3000}$은 $\sqrt{30}$의 a배이고 $\sqrt{0.05}$는 $\sqrt{20}$의 b배일 때, $a+\frac{a}{b}$를 구하여라.

문제 1-9 다음을 구하여라.

(1) $\frac{5-4\sqrt{2}}{4-2\sqrt{2}}+\frac{3-2\sqrt{2}}{4+2\sqrt{2}}=\frac{a+b\sqrt{2}}{2}$ 이고 a, b가 유리수일 때, $a+b$의 값을 구하여라.

(2) $\frac{2\sqrt{3}-4}{\sqrt{3}}-2\sqrt{2}(\sqrt{6}-3\sqrt{2})=a+b\sqrt{3}$ 이고 a, b가 유리수일 때, $a+b$의 값을 구하여라.

(3) $\sqrt{0.0024}=k\sqrt{6}$ 일 때, 상수 k의 값을 구하여라.

문제 1-10 다음을 계산하여라.

(1) $\left|\frac{5}{2}-2.7\right|-\left|2.7-\frac{14}{5}\right|$

(2) $|\sqrt{6}-1|+|\sqrt{6}-2|+|\sqrt{6}-3|+|\sqrt{6}-4|$

(3) $|\sqrt{3}-2|-|2\sqrt{3}-4|$

문제 1-11 다음 수의 대소를 조사하여라.

(1) $\sqrt{2}$, $\frac{3}{2}$, $\sqrt{3}$, $\frac{3.14}{3}$

(2) $\sqrt{\frac{1}{10}}$, $\frac{0.6}{\sqrt{6}-\sqrt{3}}$, $\sqrt{\frac{25}{9}}$, $(2\sqrt{5}-3\sqrt{3})^2$

2 식의 계산

CHAPTER

학습 목표

(1) 다항식의 차수와 항의 계수의 의미를 설명할 수 있다.
(2) 문자식의 사칙연산을 할 수 있다.
(3) 곱셈공식을 사용하여 문자식을 전개하고 식의 값을 구할 수 있다.

2-1 지수의 정의

- A가 수 또는 식이고 n이 자연수일 때,

$$A^n = \underbrace{A \times A \times \cdots \times A}_{n\text{번}},\ A^{-n} = \frac{1}{A^n} = \frac{1}{\underbrace{A \times A \times \cdots \times A}_{n\text{번}}},\ A^0 = 1$$

- A^n을 A의 n제곱이라 하고 A를 밑, n을 지수라고 한다.

연습 2-1 다음을 계산하여라.

(1) $-(-2)^2$

(2) $-(-2)^3$

(3) 4^{-2}

(4) 3^{-4}

(5) π^0

(6) 2017^0

2-2 지수법칙

- $A^n \times A^m = A^{n+m},\ A^n \div A^m = A^{n-m}$
- $(A^n)^m = A^{nm},\ (A \times B)^n = A^n \times B^n$
- $(A^{-1})^{-1} = A,\ AB^{-1} = \frac{A}{B},\ A^n B^{-m} = \frac{A^n}{B^m}$
- $\left(\frac{B}{A}\right)^n = \frac{B^n}{A^n},\ \left(\frac{B}{A}\right)^{-n} = \left(\frac{A}{B}\right)^n = \frac{A^n}{B^n}$

연습 2-2 다음을 지수의 형태로 간단히 하여라.

(1) $3^4 \times 3^7$

(2) $x^6 \div x^2$

(3) $(3x^4)^2$

(4) $\left(\frac{3}{2}\right)^{-2}$

2-3 다항식의 차수

- 수나 문자의 곱셈만으로 이루어진 식을 항이라 한다.
- 항이 한 개인 식을 단항식, 항이 여러 개인 식을 다항식이라 한다.
- 항에 포함된 수를 그 항의 계수라 한다.
- 단항식의 차수는 곱해진 문자의 개수이다.
- 다항식의 차수는 포함된 단항식의 차수 중 가장 큰 차수이다.
- 차수가 0인 항을 상수항이라고 한다.

연습 2-3 다음 식을 간단히 하고, 지정된 문자에 대한 차수를 각각 구하여라.

(1) $a^3 \times a^2b^4 \div ab \times b^2$ (a에 대해, b에 대해)

(2) $x^6y^2 \div 8x^2y \times 5x^4y^4 \div 2x^5$ (x에 대해, y에 대해)

2-4 분배법칙과 동류항

- 분배법칙

$$A(B+C-D) = AB+AC-AD$$

$$(A+B-C)D = AD+BD-CD$$

- 동류항 : 문자 부분이 같은 항을 동류항이라고 하며, 동류항은 서로 덧셈 또는 뺄셈이 가능하다.

연습 2-4 다음 식 (1)은 전개하고 (2)는 간단히 하여라.

(1) $x(2x+3y-4)$

(2) $3x^2y^3 - 3x^3y^2 + 5x^2y^3 + 7x^3y^2$

2-5 식의 사칙연산

- 단항식의 곱셈과 나눗셈은 지수법칙을 사용한다.

$$A^n \times A^m = A^{n+m}, \quad A^n \div A^m = A^{n-m}, \quad (A^n)^m = A^{nm},$$

$$(A \times B)^n = A^n \times B^n, \quad \left(\frac{B}{A}\right)^n = \frac{B^n}{A^n}, \quad \left(\frac{B}{A}\right)^{-n} = \frac{A^n}{B^n}$$

- 다항식의 사칙연산은 지수법칙, 분배법칙을 적용하고, 동류항을 간단히 하여 계산한다.

연습 2-5 다음 식을 간단히 정리하여라.

(1) $(2a^2b)^3 \times (-3a^3b^2)^2$

(2) $16x^3 \div x \div (2x)^3$

(3) $(5 \times a \times a \times b + 3 \times a \times b \times b) - 4(a^2b + ab^2)$

(4) $4(x^2 - x + 7) - 2(2x^2 - 4x - 3)$

2-6 곱셈공식 (1)

- $(A+B)^2 = A^2 + 2AB + B^2$
- $(A-B)^2 = A^2 - 2AB + B^2$
- $(A+B)(A-B) = A^2 - B^2$
- $(X+A)(X+B) = X^2 + (A+B)X + AB$
- $(AX+B)(CX+D) = ACX^2 + (AD+BC)X + BD$

연습 2-6 곱셈공식을 사용하여 다음 식을 전개하여라.

(1) $(x+2)^2$

(2) $(x-3)^2$

(3) $(t+5)(t-5)$

(4) $(2s-1)(3s+2)$

2-7 곱셈공식 (2)

- $(A+B)^3 = A^3 + 3A^2B + 3AB^2 + B^3$
- $(A-B)^3 = A^3 - 3A^2B + 3AB^2 - B^3$
- $(A+B)(A^2 - AB + B^2) = A^3 + B^3$
- $(A-B)(A^2 + AB + B^2) = A^3 - B^3$

연습 2-7 곱셈공식을 사용하여 다음 식을 전개하여라.

(1) $(x+1)^3$

(2) $(a+2)(a^2-2a+4)$

2-8 이중근호

- $\sqrt{A+B+2\sqrt{AB}} = \sqrt{(\sqrt{A}+\sqrt{B})^2} = \sqrt{A}+\sqrt{B}$
- $\sqrt{A+B-2\sqrt{AB}} = \sqrt{(\sqrt{A}-\sqrt{B})^2} = \sqrt{A}-\sqrt{B}$ (단, $A \geq B$)

연습 2-8 다음을 이중근호 없이 나타내어라.

(1) $\sqrt{5+2\sqrt{6}}$

(2) $\sqrt{7-2\sqrt{12}}$

2-9 분모의 유리화

- $\dfrac{B}{\sqrt{A}} = \dfrac{B\sqrt{A}}{\sqrt{A}\sqrt{A}} = \dfrac{B\sqrt{A}}{A}$
- $\dfrac{A}{\sqrt{B}+C} = \dfrac{A(\sqrt{B}-C)}{(\sqrt{B}+C)(\sqrt{B}-C)} = \dfrac{A(\sqrt{B}-C)}{B-C^2}$

연습 2-9 다음을 유리화하여라.

(1) $\dfrac{1}{\sqrt{2}}$

(2) $\dfrac{\sqrt{5}}{\sqrt{3}}$

(3) $\dfrac{1}{\sqrt{2}-1}$

2-10 식의 값

- 식의 문자에 주어진 수를 넣어 계산한 것을 식의 값이라고 한다.
- 식의 값은 식을 간단히 정리하고 문자 대신에 주어진 수를 대입하여 계산한다.
- 계산기 이용 시 생략된 곱셈기호를 입력해야 한다.

연습 2-10 $a=2$이고 $h=3$일 때, $S=\dfrac{1}{2}ah$ 의 값을 구하여라.

확인 문제를 풀어봅시다!

확인 2-1 다음을 계산하여라.

(1) $-(-3)^2$ (2) $-(-3)^3$

(3) 3^{-2} (4) 2^{-4}

(5) 2.72^0 (6) $(2\pi)^0$

확인 2-2 다음을 지수의 형태로 간단히 하여라.

(1) $3^5 \times 3^6$ (2) $x^2 \div x^6$

(3) $(3x^2)^3$ (4) $\left(\frac{3}{2}\right)^{-3}$

확인 2-3 다음 식을 간단히 하고 지정된 문자에 대한 차수를 각각 구하여라.

(1) $a^2b^3 \times a^3b^2 \div (a^2b \times b^2)$ (a에 대해, b에 대해)

(2) $15x^3y^5 \times 8x^5y^2 \div 5x^3y^3 \div 2xy$ (x에 대해, y에 대해)

확인 2-4 다음 식을 간단히 정리하여라.

(1) $2x(3x-1)-3x(4-x)$ (2) $2ab+a^2+5b^2-6ab-4b^2$

확인 2-5 다음 식을 간단히 정리하여라.

(1) $3(2a^2x)^3 \times (-ax)^2$

(2) $16x^3 \div (2x)^3 \div x^2$

(3) $(a \times a \times a + 2 \times b \times b) \times (x \times x + y \times y)$

(4) $[3x^2-(2x+1)]-(x^2-1)$

확인 2-6 곱셈공식을 사용하여 다음 식을 전개하여라.

(1) $(x-2)^2$ (2) $(x+3)^2$

(3) $(a+4)(a-4)$ (4) $(2x-1)(2x+3)$

확인 2-7 곱셈공식을 사용하여 다음 식을 전개하여라.

(1) $(x-2)^3$ (2) $(a-3)(a^2+3a+9)$

확인 2-8 다음을 이중근호 없이 나타내어라.

(1) $\sqrt{5+2\sqrt{4}}$ (2) $\sqrt{8-2\sqrt{15}}$

확인 2-9 다음을 유리화하여라.

(1) $\dfrac{2}{\sqrt{2}}$ (2) $\dfrac{\sqrt{2}}{\sqrt{3}}$

(3) $\dfrac{1}{\sqrt{2}+1}$

확인 2-10 다음 식의 값을 구하여라.

(1) $\pi r^2 \, (r=3)$ (2) $\dfrac{a}{3}+\dfrac{b}{4} \, (a=2,\ b=3)$

(3) $2x+3y \, (x=2, y=-3)$ (4) $x+\dfrac{1}{2+\dfrac{1}{x}} \, (x=1)$

계산기 활용 문제

문제 2-1 다음을 계산하여라.

(1) $\dfrac{6}{\sqrt{3}+1}+\dfrac{1}{\sqrt{3}-2}$　　(2) $(\sqrt{3}+1)^{-1}+(\sqrt{3}-1)^{-1}$

문제 2-2 $x=\dfrac{\sqrt{8}-\sqrt{5}}{\sqrt{8}+\sqrt{5}}$, $y=\dfrac{\sqrt{8}+\sqrt{5}}{\sqrt{8}-\sqrt{5}}$일 때, $2xy$를 구하여라.

문제 2-3 다음을 계산하여라.

(1) $\dfrac{1}{\sqrt{5}}\left\{\left(\dfrac{1+\sqrt{5}}{2}\right)^3-\left(\dfrac{1-\sqrt{5}}{2}\right)^3\right\}$　　(2) $\dfrac{1}{\sqrt{5}}\left\{\left(\dfrac{1+\sqrt{5}}{2}\right)^7-\left(\dfrac{1-\sqrt{5}}{2}\right)^7\right\}$

문제 2-4 다음을 계산하여라.

(1) $(4.1357\times10^{-15})\times(5.4\times10^2)$　　(2) $1.695\times10^4\div1.395\times10^{15}$

(3) $(6.97\times10^{-12})\times(2.34\times10^6)+3.2\times10^6$　　(4) $\dfrac{5.16\times10^{-4}}{8.65\times10^{-8}+9.68\times10^4}$

문제 2-5 다음을 계산하여라.

(1) $x=0.2$일 때, x^2-2x+5의 값을 구하여라.

(2) $a=2$일 때, $(a^3+3a^2-2a-5)\div(a^2+5a-2)$의 값을 구하여라.

문제 2-6 $x=-2$, $y=5$일 때, 다음 식의 값을 구하여라.

(1) $x^3-3x^2y+6xy^2-y^3$　　(2) $x^2y-xy^2+x^2-y^2$

문제 2-7 $a=4,\ b=-5$일 때, 다음 식의 값을 구하여라.

(1) $12ab-6a^2+9b^2$ (2) $ab[(b^2-a^2)-(5a-2b)]$

문제 2-8 $R=\dfrac{1}{\dfrac{1}{R_1}+\dfrac{1}{R_2}+\dfrac{1}{R_3}}$일 때 다음을 계산하여라.

(1) $R_1=10,\ R_2=15,\ R_3=20$일 때의 R을 구하여라.

(2) $R_1=10.5,\ R_2=14.5,\ R_3=19$일 때의 R을 구하여라.

문제 2-9 $a=3.2,\ b=5.1,\ c=7.2$일 때, 다음을 구하여라.

(1) $s=\dfrac{a+b+c}{2}$를 구하여라.

(2) (1)과 결과 메모리(Ans)를 사용하여 $\sqrt{s(s-a)(s-b)(s-c)}$를 구하여라.

문제 2-10

(1) $\sqrt{5}$의 소수 부분을 b라고 할 때, $\dfrac{b+3}{b}$를 구하여라.

(2) 세제곱해서 A가 되는 수를 $\sqrt[3]{A}$으로 나타내고 세제곱근 A라고 읽는다.

$\sqrt{\dfrac{1}{\sqrt[3]{2}-1}+\sqrt[3]{3}}$에 가장 가까운 정수를 a라고 할 때, $\dfrac{\sqrt{3+2\sqrt{a}}}{\sqrt{3-2\sqrt{a}}}$를 구하여라.

3 CHAPTER 인수분해

학습 목표

(1) 공통인수를 찾아 다항식을 인수분해할 수 있다.

(2) 인수분해 공식을 사용하여 다항식을 인수분해할 수 있다.

(3) 인수분해 공식을 사용하여 수식을 계산할 수 있다.

3-1 공통인수 (1)

- $AB+AC-AD=A(B+C-D)$
- $AB-CB+DB=(A-C+D)B$

연습 3-1 다음 식에서 공통인수를 찾아 곱의 꼴로 나타내어라.

(1) $ax+2ay$

(2) $2x^2+4x$

(3) $3a+12ab$

(4) $ax-ay+az$

3-2 공통인수 (2)

- $AB+AC-DE+DF=A(B+C)-D(E-F)$
- $AB-CB+DE-FE=(A-C)B+(D-F)E$
- $AB+AC-DB-DC=A(B+C)-D(B+C)=(A-D)(B+C)$

연습 3-2 다음 식에서 공통인수를 찾아 곱의 꼴로 나타내어라.

(1) $ax+ay+bx+by$

(2) $x^2-2x+4x-8$

3-3 인수분해

- $x^2+5x+4=(x+1)(x+4)$와 같이 한 다항식을 두 개 이상의 인수들의 곱으로 표현하는 것을 인수분해라고 한다.

$$x^2+5x+4 \underset{\text{전개}}{\overset{\text{인수분해}}{\rightleftarrows}} (x+1)(x+4)$$

연습 3-3 다음을 인수분해하여라.

(1) $2x^2-5x$

(2) $3x^2-6x+4x-8$

3-4 완전제곱식으로의 인수분해

- $A^2+2AB+B^2=(A+B)^2$
- $A^2-2AB+B^2=(A-B)^2$

연습 3-4 다음을 인수분해하여라.

(1) x^2+4x+4

(2) $a^2+4ab+4b^2$

(3) x^2-6x+9

(4) $9a^2-6ab+b^2$

3-5 제곱차식의 인수분해

- $A^2 - B^2 = (A+B)(A-B)$

연습 3-5 다음을 인수분해하여라.

(1) $x^2 - 81$ (2) $4x^2 - 49y^2$

(3) $36a^2 - b^2$ (4) $16a^2 - 25b^2$

3-6 이차식의 인수분해

- $X^2 + (A+B)X + AB = (X+A)(X+B)$

X	A	AX
X	B	BX

- $ACX^2 + (AD+BC)X + BD = (AX+B)(CX+D)$

AX	B	BCX
CX	D	ADX

연습 3-6 다음을 인수분해하여라.

(1) $x^2 + 2x - 8$ (2) $2x^2 - 5x + 3$

(3) $2x^2 - 5xy + 3y^2$

3-7 고차식의 인수분해

- $A^3+B^3=(A+B)(A^2-AB+B^2)$
- $A^3-B^3=(A-B)(A^2+AB+B^2)$
- $A^3+3A^2B+3AB^2+B^3=(A+B)^3$
- $A^3-3A^2B+3AB^2-B^3=(A-B)^3$

연습 3-7 다음을 인수분해하여라.

(1) x^3-1

(2) a^3+8b^3

(3) x^3+3x^2+3x+1

(4) $x^3-6x^2+12x-8$

3-8 인수분해의 활용

- 인수분해를 활용하면 복잡한 수식을 간단하게 계산할 수 있다.

연습 3-8 다음을 계산하여라.

(1) $24\times20-24\times15$

(2) 55^2-45^2

(3) $9^2-7^2+5^2-3^2$

(4) $53^2\times\frac{7}{10}-47^2\times\frac{7}{10}$

확인 문제를 풀어봅시다!

확인 3-1 다음 식에서 공통인수를 찾아 곱의 꼴로 나타내어라.

(1) $ax-2ax^2$ (2) $-2x^2+4x$

(3) $3a^2b+12ab$ (4) $(x+3)x+(x+3)5$

확인 3-2 다음 식에서 공통인수를 찾아 곱의 꼴로 나타내어라.

(1) $ax-ay+bx-by$ (2) $wy+wz-2xy-2xz$

확인 3-3 다음을 인수분해하여라.

(1) $2x^2-4x^3$ (2) $2x^2+6x+5x+15$

확인 3-4 다음을 인수분해하여라.

(1) x^2-4x+4 (2) $a^2+6ab+9b^2$

(3) $x^2-8x+16$ (4) $25a^2+10ab+b^2$

확인 3-5 다음을 인수분해하여라.

(1) x^2-25 (2) $25x^2-36y^2$

(3) $81a^2-4b^2$ (4) $49a^2-9b^2$

확인 3-6 다음을 인수분해하여라.

(1) x^2+4x+3 (2) $2x^2-9x-5$

(3) $x^2-4xy+3y^2$ (4) $2x^2+5xy-3y^2$

확인 3-7 다음을 인수분해하여라.

(1) x^3+1

(2) a^3-8b^3

(3) x^3-3x^2+3x-1

(4) $x^3+6x^2+12x+8$

확인 3-8 다음을 계산하여라.

(1) $25\times20-25\times15$

(2) 101^2-99^2

(3) $12^2-9^2+6^2-3^2$

(4) $101^2\times\dfrac{5}{2}-99^2\times\dfrac{5}{2}$

확인 3-9 $A=x+y$, $B=xy$일 때, 다음 식을 A와 B로 나타내어라.

(1) $2x-3xy+2y$

(2) $x^2+2xy+y^2$

(3) x^2+y^2

(4) x^3+y^3

확인 3-10 다음을 인수분해하여라.

(1) $(1+x)^2-4(1+x)+4$

(2) $(a+1)^2-4(b+1)^2$

(3) $(t+1)^2+4(t+1)+3$

(4) $(x+1)^3+1$

계산기 활용 문제

문제 3-1 다음을 계산하여라.

(1) $25 \cdot 36 - 2 \cdot 25 \cdot 36$

(2) $2 \cdot 55^2 - 4 \cdot 55$

(3) $3 \cdot 14^2 \cdot 16 + 12 \cdot 14 \cdot 16$

(4) $(26+3) \cdot 26 + (26+3) \cdot 5$

문제 3-2 다음을 계산하여라.

(1) $56 \cdot 51 - 56 \cdot 50 + 44 \cdot 51 - 44 \cdot 50$

(2) $151 \cdot 150 + 151 \cdot 50 - 2 \cdot 15 \cdot 151 - 2 \cdot 15 \cdot 50$

문제 3-3 다음을 계산하여라.

(1) $2 \cdot 72^2 - 4 \cdot 72^3$

(2) $2 \cdot 37^2 + 6 \cdot 37 + 5 \cdot 37 + 15$

문제 3-4 다음을 계산하여라.

(1) $52^2 - 4 \cdot 52 + 4$

(2) $97^2 + 6 \cdot 97 \cdot 96 + 9 \cdot 96^2$

(3) $104^2 - 8 \cdot 104 + 16$

(4) $75^2 + 10 \cdot 75 \cdot 55 + 25 \cdot 55^2$

문제 3-5 다음을 계산하여라.

(1) $35^2 - 25$

(2) $25 \cdot 56^2 - 36 \cdot 44^2$

(3) $81 \cdot 1.2^2 - 16 \cdot 4.8^2$

(4) $49 \cdot 12.5^2 - 9 \cdot 7.5^2$

- 이차방정식 $ax^2 + bx + c = 0$의 근이 $x = \alpha$, $y = \beta$인 경우 $ax^2 + bx + c = a(x-\alpha)(x-\beta)$로 인수분해된다.

문제 3-6 다음을 인수분해하여라.

(1) $x^2 - 5.4x + 7.29$

(2) $4x^2 + 96x - 1728$

(3) $x^2 - \frac{19}{51}x - \frac{4}{17}$

(4) $2x^2 + 892x + 83616$

- 삼차다항식 $ax^3 + bx^2 + cx + d$는 삼차방정식 $ax^3 + bx^2 + cx + d = 0$의 해에 따라 다음과 같이 인수분해된다.

  (1) 해가 $x = \alpha$, $y = \beta$, $x = \gamma$인 경우

  $$ax^3 + bx^2 + cx + d = a(x-\alpha)(x-\beta)(x-\gamma)$$

  (2) 해가 $x = \alpha$(중근), $x = \beta$인 경우

  $$ax^3 + bx^2 + cx + d = a(x-\alpha)^2(x-\beta)$$

  (3) 해가 $x = \alpha$(삼중근)인 경우

  $$ax^3 + bx^2 + cx + d = a(x-\alpha)^3$$

문제 3-7 다음을 인수분해하여라. (참고 : 중근의 경우 마지막에 출력된다.)

(1) $3x^3 + 150x^2 - 8007x - 216810$

(2) $2x^3 - 9x^2 + 13.5x - 6.75$

(3) $-2x^3 - 76x^2 + 510x - 792$

(4) $-x^3 - 3.6x^2 + 16.84x + 23.664$

문제 3-8 다음을 계산하여라.

(1) $x = 4 - \sqrt{3}$일 때, $x^2 - 8x + 12$

(2) $x = -2 + \sqrt{5}$일 때, $x^2 + 4x + 12$

(3) $x = 2 + \sqrt[3]{4}$일 때, $x^3 - 6x^2 + 12x + 36$

(4) $x = -2 - \sqrt[3]{4}$일 때, $x^3 + 6x^2 + 12x + 36$

문제 3-9 다음을 구하여라.

(1) $\dfrac{31^4+31^2+1}{31^2+31+1}=30^2+a$ 를 만족하는 실수 a의 값을 구하여라.

(2) $2^{24}-3^{15}-13^3$이 $2^8 3^a 13^b$로 소인수 분해 될 때 $a+b$를 구하여라.

문제 3-10 다음을 구하여라.

(1) $15 \cdot 16 \cdot 17 \cdot 18+1=A^2$을 만족하는 자연수 A의 값.

(2) $(2+1)(2^2+1)(2^4+1)(2^8+1)=2^a-1$을 만족하는 자연수 a의 값.

문제 3-11 $f(x)=x^4-x^3-3x^2+5x-2$일 때, $f(11)$의 값을 구하여라.

문제 3-12 $x=3+\sqrt{3}$, $y=3-\sqrt{3}$일 때, 다음 식의 값을 구하여라.

(1) $2x-3xy+2y$

(2) $x^2+2xy+y^2$

(3) x^2+y^2

(4) x^3+y^3

4 유리식과 무리식

CHAPTER

학습 목표

(1) 유리식을 간단히 정리할 수 있다.
(2) 무리식을 간단히 정리할 수 있다.
(3) 복잡한 식을 간단히 정리할 수 있다.

4-1 유리식

- 두 다항식 $A(A \neq 0)$와 B에 대해 $\dfrac{B}{A}$꼴의 식을 분수식이라 하고, 분수식으로 나타낼 수 있는 식을 유리식이라고 한다.
- 유리식의 계산은 유리수의 계산 법칙이 적용된다.

(1) $\dfrac{B}{A} = \dfrac{BC}{AC}$ (단, $C \neq 0$)

(2) $\dfrac{B}{A} \times \dfrac{D}{C} = \dfrac{BD}{AC}$

(3) $\dfrac{B}{A} \div \dfrac{D}{C} = \dfrac{B}{A} \times \dfrac{C}{D} = \dfrac{BC}{AD}$

(4) $\dfrac{B}{A} \pm \dfrac{C}{A} = \dfrac{B \pm C}{A}$, $\dfrac{B}{A} \pm \dfrac{D}{C} = \dfrac{BC \pm AD}{AC}$ (통분)

연습 4-1 다음 유리식을 간단히 하여라.

(1) $\dfrac{2ab^2}{3x^2y^3} \times \dfrac{6x^3y}{a^2b}$

(2) $\dfrac{x}{x^2-1} \div \dfrac{x^2}{x+1}$

(3) $\dfrac{5}{ab^2} + \dfrac{3a}{a^2b^2}$

(4) $\dfrac{x+1}{xy} - \dfrac{x+2}{x^2y}$

4-2 부분분수

- $\dfrac{1}{AB} = \dfrac{1}{B-A}\left(\dfrac{1}{A} - \dfrac{1}{B}\right)$

연습 4-2 다음을 두 분수식의 차로 나타내어라.

(1) $\dfrac{1}{x(x+1)}$

(2) $\dfrac{1}{(n+1)(n+3)}$

4-3 유리식의 덧셈과 뺄셈

- 유리식의 덧셈과 뺄셈은 분모를 인수분해한 다음 통분하여 계산한다.
- $\dfrac{A}{BC} + \dfrac{E}{CD} = \dfrac{AD}{BCD} + \dfrac{BE}{BCD} = \dfrac{AD+BE}{BCD}$

연습 4-3 다음을 계산하여라.

(1) $\dfrac{1}{x+1} + \dfrac{1}{(x+1)(x-3)}$

(2) $\dfrac{1}{x(x-1)} - \dfrac{1}{x(x-3)}$

4-4 번분수식

- $\dfrac{1}{\dfrac{B}{A}} = 1 \div \dfrac{B}{A} = 1 \times \dfrac{A}{B} = \dfrac{A}{B}$
- $\dfrac{\dfrac{B}{A}}{\dfrac{D}{C}} = \dfrac{B}{A} \div \dfrac{D}{C} = \dfrac{B}{A} \times \dfrac{C}{D} = \dfrac{BC}{AD}$

연습 4-4 다음 식을 간단히 하여라.

(1) $\dfrac{1}{1+\dfrac{1}{x}}$

(2) $\dfrac{\dfrac{x-1}{x-3}}{\dfrac{x+1}{x+3}}$

4-5 다항식의 나눗셈

- 다항식 $f(x)$를 다항식 $g(x)$로 나눈 몫을 $Q(x)$, 나머지를 $R(x)$라고 하면 $f(x)=g(x)Q(x)+R(x)$이다. 이때,
  (1) $f(x)$의 차수 $=$ $g(x)$ 의 차수 $+$ $Q(x)$ 의 차수
  (2) $R(x)$의 차수 $<$ $g(x)$ 의 차수
  (3) $R(x)=0$이면 $f(x)$가 $g(x)$로 나누어떨어진다고 하고, 이때 $f(x)=g(x)Q(x)$로 인수분해된다.

연습 4-5 다음 P를 Q로 나눈 몫과 나머지를 구하여라.

(1) $P=7x+5,\ Q=x$

(2) $P=x^2+x+1,\ Q=x-1$

4-6 조립제법과 나머지정리

- (조립제법) 다항식 $f(x)$를 $x-a$로 나눈 몫과 나머지는 조립제법으로 구할 수 있다. 예를 들어 x^3-x^2+x-1을 $x+2$로 나눈 몫은 x^2-3x+7이고 나머지는 -15이다.

$$\begin{array}{r|rrrr} -2 & 1 & -1 & 1 & -1 \\ & & -2 & 6 & -14 \\ \hline & 1 & -3 & 7 & \boxed{-15} \end{array}$$

- (나머지 정리) 다항식 $f(x)$를 일차식 $(x-a)$로 나눈 나머지는 $f(a)$이다.

연습 4-6 다음 P를 Q로 나눈 몫과 나머지를 구하여라.

(1) $P=x^2-x+1$, $Q=x-1$ (2) $P=x^2+2x+3$, $Q=x+1$

4-7 무리식

- 근호 안에 문자를 포함하는 식을 무리식이라고 한다.
- 무리식의 계산은 무리수의 계산 법칙이 적용된다.

(1) $(\sqrt{A})^2=A$(단, $A\ge 0$)

(2) $m\sqrt{A}\pm n\sqrt{A}=(m\pm n)\sqrt{A}$

(3) $\sqrt{A}\sqrt{B}=\sqrt{AB}$, $\dfrac{\sqrt{A}}{\sqrt{B}}=\sqrt{\dfrac{A}{B}}$ (단, $B>0$)

(4) $(m\sqrt{A})\times(n\sqrt{B})=mn\sqrt{AB}$

(5) $(m\sqrt{A})\div(n\sqrt{B})=\dfrac{m}{n}\sqrt{\dfrac{A}{B}}$ (단, $B>0$)

연습 4-7 다음 무리식을 간단히 하여라.

(1) $2\sqrt{x}-5\sqrt{x-1}-3\sqrt{x}+7\sqrt{x-1}$ (2) $(\sqrt{x}+\sqrt{x+1})(\sqrt{x}-\sqrt{x+1})$

4-8 무리식이 의미를 가질 조건

- 무리식 $\sqrt{A}$의 값이 실수가 되기 위한 조건은 $A \geq 0$이다.
- 무리식 $\dfrac{\sqrt{B}}{\sqrt{A}}$의 값이 실수가 되기 위한 조건은 $A > 0$, $B \geq 0$이다.

연습 4-8 다음 무리식의 값이 실수가 되기 위한 x의 조건을 구하여라.

(1) $\sqrt{2x-7}$

(2) $\dfrac{\sqrt{3-x}}{\sqrt{x-2}}$

4-9 분모의 유리화

- $\dfrac{B}{\sqrt{A}} = \dfrac{B\sqrt{A}}{\sqrt{A}\sqrt{A}} = \dfrac{B\sqrt{A}}{A}$
- $\dfrac{A}{\sqrt{B}+C} = \dfrac{A(\sqrt{B}-C)}{(\sqrt{B}+C)(\sqrt{B}-C)} = \dfrac{A(\sqrt{B}-C)}{B-C^2}$

연습 4-9 다음 무리식의 분모를 유리화하여라.

(1) $\dfrac{1}{\sqrt{x-1}}$

(2) $\dfrac{1}{\sqrt{x+1}-\sqrt{x}}$

4-10 이중근호

- $\sqrt{A+B+2\sqrt{AB}} = \sqrt{(\sqrt{A}+\sqrt{B})^2} = \sqrt{A}+\sqrt{B}$
- $\sqrt{A+B-2\sqrt{AB}} = \sqrt{(\sqrt{A}-\sqrt{B})^2} = \sqrt{A}-\sqrt{B}$ (단, $A \geq B$)

연습 4-10 다음을 이중근호 없이 나타내어라.

(1) $\sqrt{2x+1+2\sqrt{x^2+x}}$ (단, $x \geq -1$)

(2) $\sqrt{2x-2\sqrt{x^2-1}}$ (단, $x \geq 1$)

확인 문제를 풀어봅시다!

확인 4-1 다음 유리식을 간단히 하여라.

(1) $\frac{12x^3y^2}{5a^2b^3} \times \frac{10a^3b^3}{6x^2y^3}$

(2) $\frac{x}{x-2} \div \frac{x^2}{(x-2)(x+3)}$

(3) $\frac{3}{xy^2} + \frac{5}{x^2y}$

(4) $\frac{a+1}{a^2b} - \frac{b+1}{ab^2}$

확인 4-2 다음을 두 분수식의 차로 나타내어라.

(1) $\frac{1}{(x-1)x}$

(2) $\frac{1}{(n-1)(n+1)}$

확인 4-3 다음을 계산하여라.

(1) $\frac{1}{(x-1)(x+3)} + \frac{1}{x-1}$

(2) $\frac{1}{x(x+1)} - \frac{1}{x(x+3)}$

확인 4-4 다음 식을 간단히 하여라.

(1) $\dfrac{1}{1-\dfrac{1}{x}}$

(2) $\dfrac{\dfrac{x+1}{x}}{\dfrac{x-1}{x-3}}$

확인 4-5 다음 P를 Q로 나눈 몫과 나머지를 구하여라.

(1) $P=5x+3$, $Q=x$

(2) $P=x^2-x+1$, $Q=x+1$

확인 4-6 다음 P를 Q로 나눈 몫과 나머지를 구하여라.

(1) $P=2x^2-3x-5$, $Q=x-1$

(2) $P=x^3-3x^2+2x+3$, $Q=x+1$

확인 4-7 다음 무리식을 간단히 하여라.

(1) $4\sqrt{x-1}+5\sqrt{x+1}-2\sqrt{x-1}-6\sqrt{x+1}$

(2) $(\sqrt{x+1}+\sqrt{x-1})(\sqrt{x+1}-\sqrt{x-1})$

확인 4-8 다음 무리식의 값이 실수가 되기 위한 x의 조건을 구하여라.

(1) $\sqrt{3x-9}$

(2) $\dfrac{\sqrt{5-x}}{\sqrt{x-3}}$

확인 4-9 다음 무리식의 분모를 유리화하여라.

(1) $\dfrac{1}{\sqrt{x+1}}$

(2) $\dfrac{1}{\sqrt{x+2}-\sqrt{x}}$

확인 4-10 다음을 이중근호 없이 나타내어라.

(1) $\sqrt{2x-1-2\sqrt{x^2-x}}$ (단, $x \geq 1$)

(2) $\sqrt{2x+2\sqrt{x^2-1}}$ (단, $x \geq 1$)

계산기 활용 문제

문제 4-1 다음 괄호 안의 경우에 대한 식의 값을 구하여라.

(1) $\dfrac{12x^3y^2}{5a^2b^3} \times \dfrac{10a^3b^3}{6x^2y^3}$ $(x=1,\ y=2,\ a=5,\ b=3)$

(2) $\dfrac{x}{x-2} \div \dfrac{x^2}{(x-2)(x+3)}$ $(x=3)$

(3) $\dfrac{3}{xy^2} + \dfrac{5}{x^2y}$ $(x=2.5,\ y=3.2)$

(4) $\dfrac{a+1}{a^2b} - \dfrac{b+1}{ab^2}$ $(a=3,\ b=-2)$

문제 4-2 괄호 안의 경우에 대한 식의 값을 구하여라.

(1) $\dfrac{1}{(x-1)x}$ $(x=3)$

(2) $\dfrac{1}{(n-1)(n+1)}$ $(n=2)$

문제 4-3 괄호 안의 각 경우에 대한 식의 값을 구하여라.

(1) $\dfrac{x}{x+3} + \dfrac{6x}{x^2-9}$ $(x=-4,\ x=1)$

(2) $\dfrac{1}{x^2+x} - \dfrac{1}{x^2+3x+2}$ $(x=-4,\ x=1)$

문제 4-4 괄호 안의 각 경우에 대한 식의 값을 구하여라.

(1) $\dfrac{1+\dfrac{1}{x+1}}{1-\dfrac{1}{x+1}}$ $(x=1,\ x=2)$

(2) $\dfrac{\dfrac{1}{x+1}+\dfrac{1}{x-1}}{\dfrac{1}{x+1}-\dfrac{1}{x-1}}$ $(x=-2,\ x=2)$

문제 4-5 다음 P를 Q로 나눈 나머지를 구하여라.

(1) $P=-2x^2-5x+3,\ Q=x-2$

(2) $P=4x^3-3x^2-x+1,\ Q=x+2$

문제 4-6 다음 P를 Q로 나눈 나머지를 구하여라.

(1) $P=x^2-3x-5$, $Q=x-15$

(2) $P=x^3-3x^2+3$, $Q=x+15$

문제 4-7 $x=3$일 때, 다음 무리식의 값을 구하여라.

(1) $4\sqrt{x-1}+5\sqrt{x+1}-2\sqrt{x-1}-6\sqrt{x+1}$

(2) $(\sqrt{x+1}+\sqrt{x-1})(\sqrt{x+1}-\sqrt{x-1})$

문제 4-8 다음을 풀어라.

(1) $x=\sqrt{3}$ 일 때, $(\sqrt{2+x}-\sqrt{2-x})^2$의 값을 구하여라.

(2) $x=\sqrt{5}+2$, $y=\sqrt{5}-2$ 일 때, $(\sqrt{1+x}-\sqrt{1-y})^2$의 값을 구하여라.

(3) $x=\sqrt{2-\sqrt{3}}$, $y=\sqrt{2+\sqrt{3}}$ 일 때, $\dfrac{y}{x}+\dfrac{x}{y}$의 값을 구하여라.

(4) $x=\sqrt{7+4\sqrt{3}}$ 일 때, $\left(\sqrt{x}-\dfrac{1}{\sqrt{x}}\right)^2$의 값을 구하여라.

문제 4-9 다음을 풀어라.

(1) $x=3$일 때, $\dfrac{1}{\sqrt{x}-1}-\dfrac{1}{\sqrt{x}+1}$의 값을 구하여라.

(2) $x=2$일 때, $\dfrac{\sqrt{x}-1}{\sqrt{x}+1}+\dfrac{\sqrt{x}+1}{\sqrt{x}-1}$ 의 값을 구하여라.

(3) $x=\dfrac{1}{\sqrt{6}+\sqrt{5}}$, $y=\dfrac{1}{\sqrt{6}-\sqrt{5}}$ 일 때, x^2-y^2 의 값을 구하여라.

문제 4-10 $x=\sqrt{4+2\sqrt{3}}$, $y=\sqrt{4-2\sqrt{3}}$ 일 때, x^2+y^2의 값을 구하여라.

5 CHAPTER 집합과 함수

학습 목표

(1) 집합, 함수와 관련된 용어를 설명할 수 있다.

(2) 함숫값을 구할 수 있다.

(3) 두 함수의 합성함수와 일대일 대응함수의 역함수를 구할 수 있다.

5-1 집합

- 어떤 대상들의 모임을 집합이라 하고, 원소 a가 집합 A에 속한다는 것을 $a \in A$로 쓴다.
- 원소가 하나도 없는 집합을 공집합이라 하고 $\varnothing$ 또는 $\{\ \}$로 나타낸다.
- 집합의 표현은 원소를 나열하여 표시하는 원소나열법과 $\{x : x$의 조건$\}$으로 표시하는 조건제시법이 있다.
- 자연수의 집합을 N, 정수의 집합을 Z, 유리수의 집합을 Q, 무리수의 집합을 Q^c, 실수의 집합을 R, 복소수의 집합을 C로 쓴다.

연습 5-1 다음을 풀어라.

(1) 집합 A가 $x^2 = 9$인 정수들의 집합일 때, A를 원소나열법과 조건제시법으로 나타내어라.

(2) 집합 B가 $x^2 \le 9$인 자연수들의 집합일 때, B를 원소나열법과 조건제시법으로 나타내어라.

5-2 부분집합

- 집합 A의 원소가 모두 집합 B에 속하면 A는 B의 부분집합이라 하고 $A \subset B$로 쓴다. 집합 A에 대해 $\varnothing \subset A$이고 $A \subset A$이다.
- $A \subset B$이고 $B \subset A$이면 A와 B는 같다고 하고 $A = B$로 나타낸다.

연습 5-2 집합 $A = \{1,\ 2\}$의 모든 부분집합을 구하여라.

5-3 집합의 연산

- 합집합 : $A \cup B = \{x : x \in A$ 또는 $x \in B\}$
- 교집합 : $A \cap B = \{x : x \in A$ 그리고 $x \in B\}$
- 차집합 : $A - B = \{x : x \in A$ 그리고 $x \notin B\}$
- 여집합 : $A^c = \{x : x \in U$ 그리고 $x \notin A\}$ (U는 전체 집합)
- 집합의 연산은 벤 다이어그램을 사용하면 편리하다.

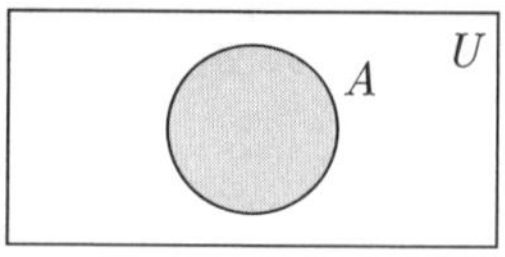

A

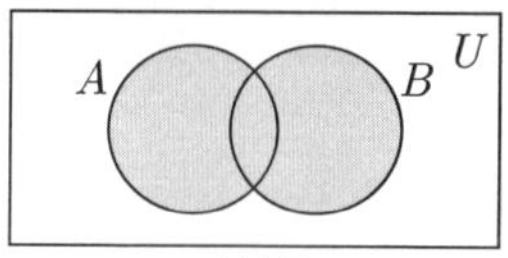

$A \cup B$

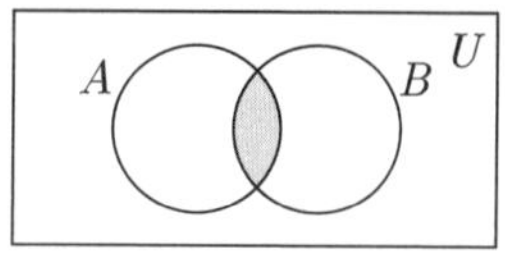

$A \cap B$

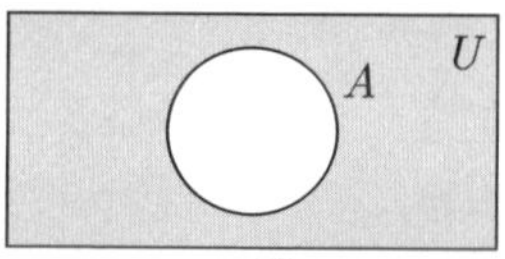

A^c

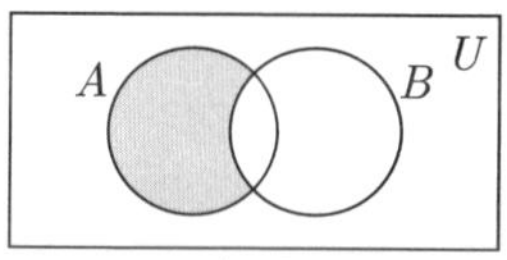

$A - B$

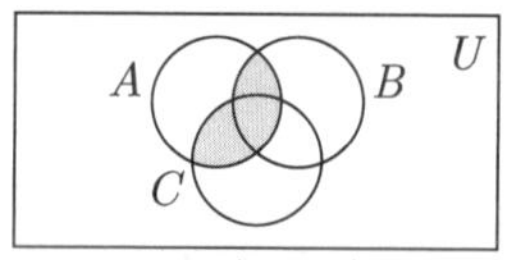

$A \cap (B \cup C)$

연습 5-3 $A = \{1, 2, 3, 4, 5, 6\}$, $B = \{2, 4, 6, 8\}$ 일 때, 다음을 구하여라.

(1) $A \cup B$

(2) $A \cap B$

(3) $A - B$

(4) $B - A$

5-4 실수의 구간

- 구간(interval)이란 실수의 부분집합으로, 구간에 속하는 임의의 두 원소 사이의 실수를 모두 포함하는 집합이다.

  $(a,\ b) = \{x \in R:\ a < x < b\}$ 열린구간

  $[a,\ b] = \{x \in R:\ a \leq x \leq b\}$ 닫힌구간

  $[a,\ b) = \{x \in R:\ a \leq x < b\}$ 반 열린(닫힌)구간

  $[a,\ \infty) = \{x \in R:\ a < x\}$ 무한 구간
- $(a,\ b]$, $(a,\ \infty)$, $(-\infty,\ a)$, $(-\infty,\ a]$, $(-\infty,\ \infty) = R$ 등도 구간이다.

연습 5-4 다음을 구간으로 표시하여라.

(1) $[0,\ 3] \cap (2,\ 5)$

(2) $[0,\ 3] - (2,\ 5)$

5-5 함수의 정의

- 두 집합 X와 Y에 대해 X의 각 원소 x에 대해 Y의 단 하나의 원소 y를 대응시키는 규칙을 함수라고 하고 $f: X \to Y$, $y = f(x)$로 나타낸다.
- $f: X \to Y$, $y = f(x)$에서 X를 정의역, Y를 공역, $f(a)$를 $x = a$의 함숫값, 함숫값들의 집합 $\{f(x) : x \in X\}$을 치역이라 하고 $f(X)$로 나타낸다.

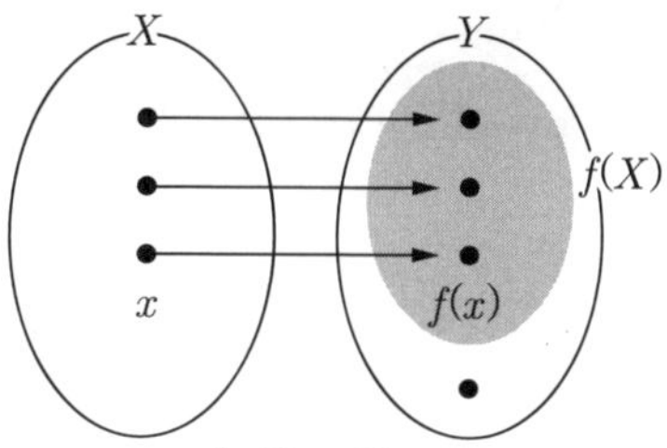

$f: X \to Y$

연습 5-5 $f(x) = x^2 + x$일 때, 다음을 구하여라.

(1) $f(1)$　　(2) $f(2)$

(3) $f(f(1))$　　(4) $f(f(2))$

5-6 독립변수와 정의역

- 함수 $f: X \to Y$, $y=f(x)$를 간단히 $y=f(x)$로 나타낸다.
- 함수 $y=f(x)$에서 x를 독립변수, y를 종속변수라고 한다.
- (최대정의역의 원칙) 함수 $y=f(x)$의 정의역은 $f(x)$가 정의되는 모든 x들의 집합으로 약속한다.

연습 5-6 다음 함수의 정의역을 구간으로 나타내어라.

(1) $f(x)=x-1$ (2) $g(x)=\dfrac{1}{x-2}$

(3) $h(x)=\sqrt{x-3}$ (4) $f(x)=\dfrac{1}{\sqrt{x-4}}$

5-7 합성함수

- $f: X \to Y$, $g: Y \to Z$에 대해 f와 g의 합성함수 $g \circ f: X \to Z$는 $(g \circ f)(x)=g(f(x))$로 정의한다.

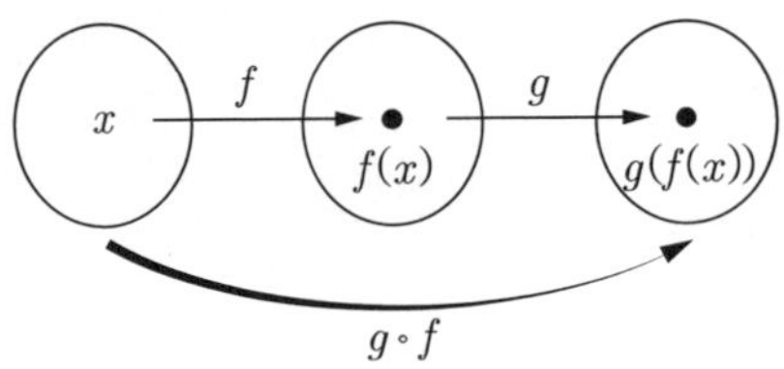

연습 5-7 $f(x)=x+1$, $g(x)=x^2$일 때, 다음을 구하여라.

(1) $(g \circ f)(2)$ (2) $(f \circ g)(2)$

(3) $(g \circ f)(x)$ (4) $(f \circ g)(x)$

5-8 역함수

- $f: X \to Y$가 X의 임의의 두 원소 x_1, x_2에 대해서 $x_1 \neq x_2$이면 $f(x_1) \neq f(x_2)$이고, 치역과 공역이 같은 함수를 일대일 대응 함수라고 한다.
- $f: X \to Y$가 일대일 대응이면 Y의 원소 하나에 X의 원소 하나가 대응하게 되는데, 이 함수를 f의 역함수라 하고 $f^{-1}: Y \to X$로 나타낸다. 즉 $f(x) = y$이면 $f^{-1}(y) = x$이다.
- 일대일 대응함수의 역함수 구하기
  (1) $y = f(x)$에서 x와 y를 바꾼다.
  (2) (1)의 식을 y에 관해 정리한다.
  (3) 원 함수의 치역을 역함수의 정의역으로 바꾼다.

연습 5-8 $y = -2x + 4$의 역함수를 구하여라.

확인 문제를 풀어봅시다!

확인 5-1 다음을 풀어라.

(1) 집합 A가 $x^2 = 16$인 정수들의 집합일 때, A를 원소나열법과 조건제시법으로 나타내어라.

(2) 집합 B가 $x^2 < 16$인 자연수들의 집합일 때, B를 원소나열법과 조건제시법으로 나타내어라.

확인 5-2 집합 $A = \{1,\ 2,\ 3\}$의 모든 부분집합을 구하여라.

확인 5-3 $A = \{1,\ 2,\ 3,\ 4,\ 5,\ 6\}$, $B = \{3,\ 6,\ 9\}$ 일 때, 다음을 구하여라.

(1) $A \cup B$ (2) $A \cap B$

(3) $A - B$ (4) $B - A$

확인 5-4 다음을 구간으로 표시하여라.

(1) $[0,\ 3) \cap [2,\ 5)$ (2) $[0,\ 3] - [2,\ 5)$

(3) $(0,\ 3)^c$

확인 5-5 $f(x) = x^2 + 2x$일 때, 다음을 구하여라.

(1) $f(1)$ (2) $f(2)$

(3) $f(f(1))$ (4) $f(f(2))$

확인 5-6 다음 함수의 정의역을 구간으로 나타내어라.

(1) $f(x) = x + 2$ (2) $g(x) = \dfrac{1}{x+2}$

(3) $h(x) = \sqrt{x+3}$

(4) $f(x) = \dfrac{1}{\sqrt{x+4}}$

확인 5-7 $f(x) = x - 1$, $g(x) = 2x^2$일 때, 다음을 구하여라.

(1) $(g \circ f)(2)$

(2) $(f \circ g)(2)$

(3) $(g \circ f)(x)$

(4) $(f \circ g)(x)$

확인 5-8 $y = 2x - 3$의 역함수를 구하여라.

확인 5-9 일대일 대응함수 f가 $f(1) = 2$, $f(2) = 4$, $f(3) = 9$일 때, 다음을 구하여라.

(1) $f(f(1))$

(2) $f^{-1}(4)$

(3) $f^{-1}(f^{-1}(4))$

(4) $f(f^{-1}(9))$

확인 5-10 함수 $f(x) = 2x - 1$의 정의역이 다음과 같을 때, 치역을 구하여라.

(1) $A = \{-1,\ 0,\ 1\}$

(2) $A = \{-2,\ -1,\ 0,\ 1,\ 2,\ 3\}$

계산기 활용 문제

문제 5-1 집합 A의 원소의 개수가 n개일 때, A의 부분집합의 개수는 2^n개다. 다음 집합의 부분집합의 개수를 구하여라.

(1) $A=\{1,\ 2,\ 3,\ 4,\ 5\}$

(2) $B=\{x:1<x\leq 6,\ x$ 는 자연수$\}$

(3) $C=\{x:x^2-3x+2=0\}$

문제 5-2 집합 $M=\{1,\ 3,\ 5,\ 7,\ 9\}$ 의 부분집합 중에서 $3,\ 5$를 반드시 포함하는 부분집합의 개수는?

문제 5-3 다음 구간에 속하는 자연수의 개수를 각각 구하여라.

(1) $[1,\ 2500]$, $[280,\ 2500]$

(2) $[1,\ 2500)$, $[280,\ 2500)$

(3) $(1,\ 2500]$, $(280,\ 2500]$

(4) $(1,\ 2500)$, $(280,\ 2500)$

문제 5-4 다음 구간에 속하는 자연수의 개수를 구하여라.

(1) $[1,\ 2500)\cap[1250,\ 3000)$

(2) $[1,\ 2500)-[1250,\ 3000)$

문제 5-5 $A=\{x:x$는 2500 이하의 자연수$\}$, $B=\{x:x$ 는 2500 이하의 짝수$\}$, $C=\{x:x$는 2500 이하의 3의 배수$\}$일 때, 다음을 구하여라.

(1) B의 원소의 개수

(2) C의 원소의 개수

(3) $B\cap C$의 원소의 개수

(4) $A-C$의 원소의 개수

문제 5-6 $f(x)=x^2+2x$ 일 때, 다음을 구하여라.

(1) $f(15)$ (2) $f(30)$

(3) $f\left(f\left(\frac{1}{2}\right)\right)$ (4) $f(f(\sqrt{2}))$

문제 5-7 $f(x)=x^2-3x-1$, $g(x)=2x^2$일 때, 다음을 구하여라.

(1) $(g \circ f)(5)$ (2) $(f \circ g)(5)$

(3) $(g \circ f)(\sqrt{2})$ (4) $(f \circ g)(\sqrt{2})$

문제 5-8 $f(x)=x+\cfrac{1}{2+\cfrac{1}{x}}$ 일 때, 다음을 구하여라.

(1) $f(3)$ (2) $f(f(3))$

(3) $f(0.5)$ (4) $f(f(f(0.5)))$

문제 5-9 $f(x)=x^{-2}+x^{-1}+1+x$ 일 때, 다음을 구하여라.

(1) $f(1)$ (2) $f(f(1))$

(3) $f(2)$ (4) $f(f(2))$

문제 5-10 $f(x)=\frac{2}{x}-\frac{x}{6}$ 의 정의역이 다음과 같을 때, 치역을 구하여라.

(1) $A=\{1,\ 2,\ 3,\ 4,\ 5\}$

(2) $A=\{1,\ 2,\ 3,\ 4,\ 5,\ 6,\ 7,\ 8,\ 9,\ 10\}$

6 CHAPTER 함수의 그래프

학습 목표

(1) 일차함수의 그래프를 그릴 수 있다.
(2) 이차함수의 그래프를 그릴 수 있다.
(3) 함수의 그래프를 평행이동, 대칭이동할 수 있다.

6-1 곱집합

- 두 집합 A, B에 대해 $A\times B=\{(a,\ b):a\in A,\ b\in B\}$ 를 A와 B의 곱집합이라고 한다.
- $(a,\ b)$를 a와 b의 순서쌍이라고 한다.
- $(a,\ b)=(c,\ d)\ \Leftrightarrow\ a=c$이고 $b=d$

연습 6-1 $A=\{1,\ 2\}$, $B=\{3,\ 4,\ 5\}$ 일 때 다음을 구하여라.

(1) $A\times B$　　　　(2) $B\times A$

6-2 함수의 그래프

- 함수 $y=f(x)$에 대해 이 관계식을 만족하는 점 $(x,\ y)$를 좌표평면 위에 나타낸 것을 함수 $y=f(x)$ 의 그래프라고 한다.

연습 6-2 함수 $f(x)=2x-1$의 정의역이 다음과 같을 때, 함수의 그래프를 그려라.

(1) $A=\{0,\ 1,\ 2\}$　　　　(2) $A=\{-2,\ -1,\ 0,\ 1,\ 2\}$

(3) $A=R$

6-3 함수의 그래프 위의 점

- $(a,\ b)$가 함수 $y=f(x)$의 그래프 위의 점이면 $b=f(a)$이다.
- 함수 $y=f(x)$의 그래프가 $(a,\ b)$를 지나면 $b=f(a)$이다.

연습 6-3 다음을 구하여라.

(1) 점 $(1,\ 2)$가 함수 $y=ax+2$의 그래프 위의 점일 때, a의 값을 구하여라.

(2) 함수 $y=x^2+b$의 그래프가 $(1,\ 2)$를 지날 때, b의 값을 구하여라.

6-4 그래프의 평행이동

- 함수 $y=f(x)$의 그래프를 x축 방향으로 m만큼, y축 방향으로 n만큼 평행이동한 그래프는 $y-n=f(x-m)$의 그래프이다.

연습 6-4 다음을 구하여라.

(1) 함수 $y=x+2$의 그래프를 x축으로 2만큼, y축으로 3만큼 평행이동한 그래프를 나타내는 관계식을 구하여라.

(2) $2x+3y=5$를 x축으로 -2만큼, y축으로 3만큼 평행이동한 그래프를 나타내는 관계식을 구하여라.

6-5 그래프의 대칭이동

- 함수 $y=f(x)$의 그래프 대칭이동한 그래프는 다음과 같다.
  (1) x축 대칭 $\Rightarrow$ $-y=f(x)$ 즉, $y=-f(x)$
  (2) y축 대칭 $\Rightarrow$ $y=f(-x)$
  (3) 원점 대칭 $\Rightarrow$ $-y=f(-x)$ 즉, $y=-f(-x)$
  (4) $y=x$ 대칭 $\Rightarrow$ $x=f(y)$ 즉, 역함수의 그래프이다.

연습 6-5 $y=2x+4$의 그래프를 다음과 같이 대칭이동한 그래프의 관계식을 구하여라.

(1) x축 대칭　　(2) y축 대칭

(3) (0, 0) 대칭　　(4) $y=x$

6-6 일차함수

- y가 x에 관한 일차식 $y=ax+b$ $(a\neq 0)$으로 표현될 때, 이 함수를 일차함수라고 한다.

연습 6-6 다음 중 일차함수를 모두 찾으시오.

(1) $y=-3x+4$　　(2) $y=x^2$

(3) $y=x$　　(4) $y=\dfrac{6}{x}$

(5) $y=2(x-1)+2$　　(6) $y=4$

6-7 일차함수 그래프의 성질

• 일차함수 $y = ax + b$의 그래프는 직선이다. 이때,

(1) a는 직선의 기울기로 $a = \dfrac{y \text{ 증가량}}{x \text{ 증가량}} = \dfrac{\Delta y}{\Delta x}$ 이며 $a > 0$이면 ↗, $a < 0$이면 ↘ 모양의 직선이 된다.

(2) y절편은 b이고, y축의 $(0,\ b)$를 지난다.

$a > 0$일 때

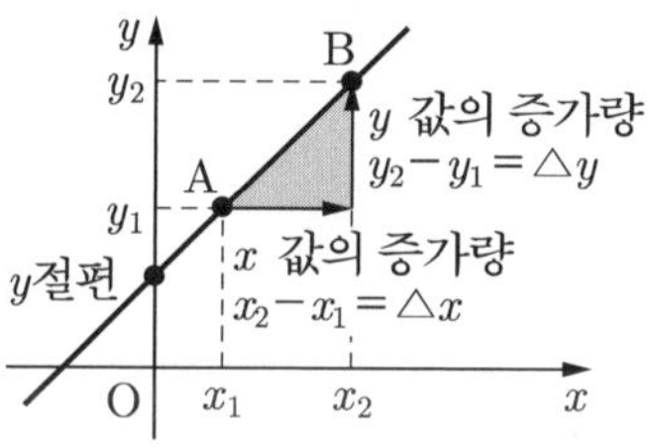

$a < 0$일 때

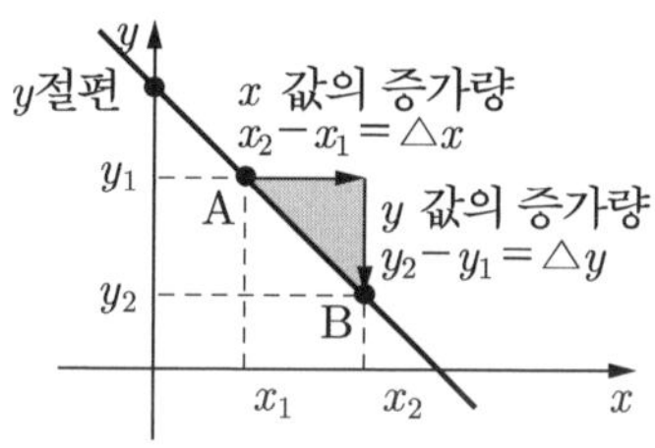

• 일차함수 $y = ax + b$의 그래프는 $y = ax$의 그래프를 y축으로 b만큼 평행이동한 그래프이다.

연습 6-7 다음 일차함수의 기울기와 y절편을 구하고 그래프를 그려라.

(1) $y = x - 1$

(2) $y = -2x + 3$

6-8 x절편과 y절편

- x절편 : 그래프가 x축과 만나는 점의 x좌표로 $y=0$을 대입하여 구한다.
- y절편 : 그래프가 y축과 만나는 점의 y좌표로 $x=0$을 대입하여 구한다.

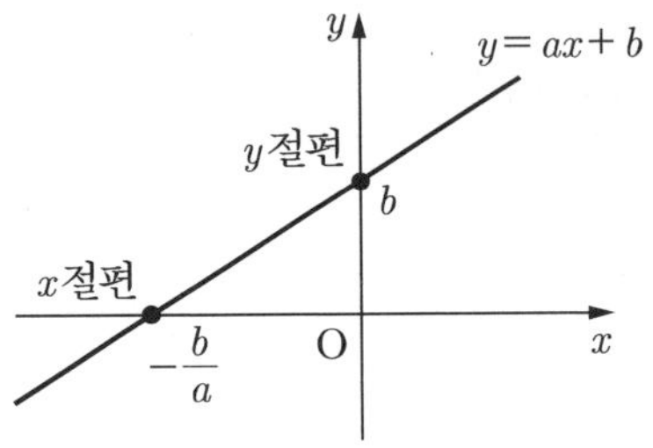

연습 6-8 일차함수 $y=3x+6$의 그래프를 절편을 이용하여 그려라.

6-9 이차함수의 정의

- y가 x에 관한 이차식 $y=ax^2+bx+c(a\neq 0)$로 표현될 때, 이 함수를 이차함수라고 한다.
- $y=ax^2+bx+c$의 그래프는 포물선으로 $a>0$이면 위로 오목($\cup$), $a<0$이면 위로 볼록($\cap$)한 모양이다.

연습 6-9 다음 중에서 이차함수를 모두 찾고 그래프의 모양을 말하여라.

(1) $y=x(x-1)$

(2) $y=2x+2$

(3) $y=4-x^2$

(4) $y=-x^3+2x+1$

6-10 이차함수의 그래프

• $y = ax^2$의 그래프

(1) 꼭짓점은 원점 $(0,\ 0)$이다.

(2) 대칭축은 y축으로 $x = 0$이다.

(3) 포물선의 방향은 a에 따라 결정된다.

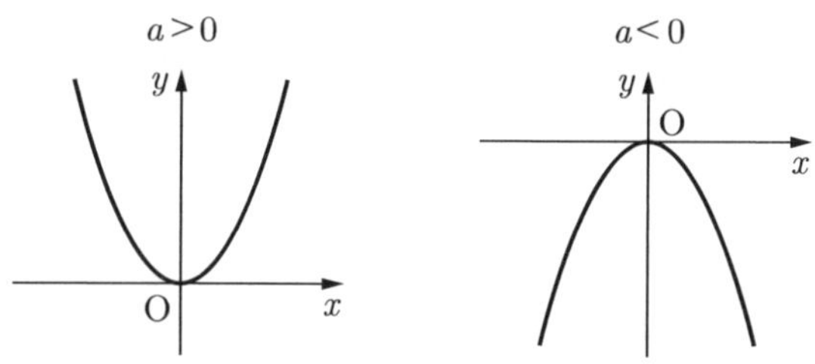

• $y = a(x-p)^2 + q$의 그래프

(1) 꼭짓점은 $(p,\ q)$이다.

(2) 대칭축은 $x = p$이다.

(3) 포물선의 방향은 a에 따라 결정된다.

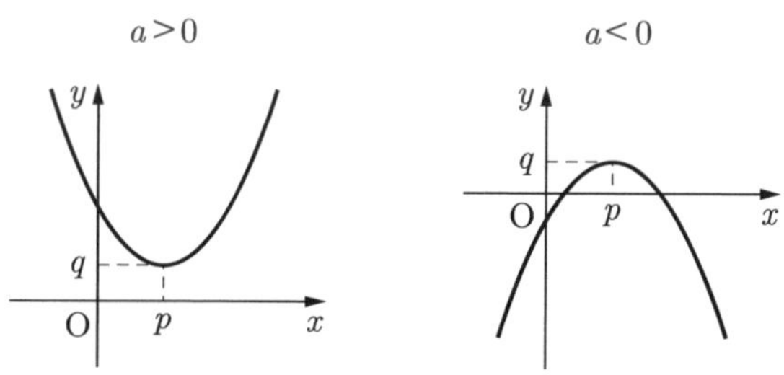

연습 6-10 다음 이차함수의 대칭축과 꼭짓점을 구하고 그래프를 그려라.

(1) $y = (x-1)^2 + 2$

(2) $y = -2(x+1)^2 - 3$

확인 문제를 풀어봅시다!

확인 6-1 $A=\{1,\ 2,\ 3\}$, $B=\{4,\ 5\}$ 일 때, 다음을 구하여라.

(1) $A\times B$ (2) $B\times A$

확인 6-2 함수 $f(x)=-2x+1$의 정의역이 다음과 같을 때, 함수의 그래프를 그려라.

(1) $A=\{0,\ 1,\ 2\}$ (2) $A=\{-2,\ -1,\ 0,\ 1,\ 2\}$

(3) $A=R$

확인 6-3 다음을 구하여라.

(1) 점 $(1,\ 2)$가 함수 $y=3x+a$의 그래프 위의 점일 때, a의 값을 구하여라.

(2) 함수 $y=ax^2+3$의 그래프가 $(1,\ 2)$를 지날 때, a의 값을 구하여라.

확인 6-4 다음을 구하여라.

(1) 함수 $y=x+2$의 그래프를 x축으로 -2만큼, y축으로 -3만큼 평행이동한 그래프를 나타내는 관계식을 구하여라.

(2) $2x+3y=5$를 x축으로 2만큼, y축으로 -4만큼 평행이동한 그래프를 나타내는 관계식을 구하여라.

확인 6-5 $y=-2x+4$의 그래프를 다음과 같이 대칭이동한 그래프의 관계식을 구하여라.

(1) x축 대칭 (2) y축 대칭

(3) $(0,\ 0)$ 대칭 (4) $y=x$

확인 6-6 다음 중 일차함수를 모두 찾으시오.

(1) $y=3x+4$

(2) $y=x^2-(x^2-2x+1)$

(3) $y=x^2-2x$

(4) $y=x+\frac{1}{x}$

(5) $y=2(x-1)-2(x-1)$

(6) $y=4-4x$

확인 6-7 다음 일차함수의 기울기와 y절편을 구하고 그래프를 그려라.

(1) $y=-x+1$

(2) $y=2x-3$

확인 6-8 일차함수 $y=-3x+6$의 그래프를 절편을 이용하여 그려라.

확인 6-9 다음 중에서 이차함수를 모두 찾고 그래프의 모양을 말하여라.

(1) $y=(x+1)(x-1)$

(2) $y=\frac{1}{x^2+2x}$

(3) $y=4-2x-x^2$

(4) $y=(x-1)(x^2+x+1)$

확인 6-10 다음 이차함수의 대칭축과 꼭짓점을 구하고 그래프를 그려라.

(1) $y=(x+1)^2-2$

(2) $y=-2(x-1)^2+3$

문제 6-1 집합 A, B의 원소의 개수가 각각 n, m개일 때, 곱집합 $A \times B$의 원소의 개수는 nm개이고 $A \times B$의 부분집합의 개수는 2^{nm}개다. 다음 집합에 대해 $A \times B$의 원소의 개수와 $A \times B$의 부분집합의 개수를 구하여라.

(1) $A = \{1,\ 2,\ 3,\ 4,\ 5\}$, $B = \{x : 1 < x \le 4,\ x\text{는 자연수}\}$

(3) $A = \{x : x^2 - 3x + 2 = 0\}$, $B = \{x \in [2,\ 7) : x\text{는 자연수}\}$

문제 6-2 $f(x) = 2x - 5$일 때 다음 표의 함숫값을 채워라.

(1)

x	0	1	2	3	4	5	6	7	8	9	10
$f(x)$											

(2)

x	0	0.2	0.4	0.6	0.8	1	1.2	1.4	1.6	1.8	2
$f(x)$											

문제 6-3 두 점 $A(x_1,\ y_1)$, $B(x_2,\ y_2)$를 지나는 직선의 기울기 m은

$$m = \frac{\Delta y}{\Delta x} = \frac{y_2 - y_1}{x_2 - x_1}$$

이다. 다음 두 점을 지나는 직선의 기울기를 구하여라.

(1) $A(1,\ 2)$, $B(3,\ 6)$

(2) $A(-5,\ 2)$, $B(4,\ -6)$

(3) $A(3.5,\ 2.8)$, $B(-5.3,\ -2.4)$

(4) $A\left(-\frac{1}{2},\ \frac{2}{3}\right)$, $B\left(\frac{3}{7},\ \frac{3}{2}\right)$

문제 6-4 기울기가 m이고 $A(x_1,\ y_1)$를 지나는 직선의 방정식은 $y = m(x - x_1) + y_1$이다. 다음 두 점을 지나는 직선의 방정식을 구하여라.

(1) $A(1,\ 2)$, $B(3,\ 6)$

(2) $A(-5,\ 2)$, $B(4,\ -6)$

(3) $A(3.5,\ 2.8)$, $B(-5.3,\ -2.4)$

(4) $A\left(-\frac{1}{2},\ \frac{2}{3}\right)$, $B\left(\frac{3}{7},\ \frac{3}{2}\right)$

문제 6-5 다음 두 점을 지나는 직선의 y절편을 구하고 그래프를 그려라.

(1) $A(1,\ 2),\ B(3,\ 6)$　　　　(2) $A(-5,\ 2),\ B(4,\ -6)$

(3) $A(3.5,\ 2.8),\ B(-5.3,\ -2.4)$　　　　(4) $A\left(-\frac{1}{2},\ \frac{2}{3}\right),\ B\left(\frac{3}{7},\ \frac{3}{2}\right)$

문제 6-6 $f(x)=x^2-2x$일 때, 다음 표의 함숫값을 채워라.

(1)

x	-5	-4	-3	-2	-1	0	1	2	3	4	5
$f(x)$											

(2)

x	0	0.2	0.4	0.6	0.8	1	1.2	1.4	1.6	1.8	2
$f(x)$											

문제 6-7 이차함수 $y=ax^2+bx+c$를 완전제곱을 포함하도록 변형하면 $y=a\left(x+\frac{b}{2a}\right)^2-\frac{b^2-4ac}{4a}$이다. 이를 이차함수 $y=ax^2+bx+c$의 표준형이라고 하는데, 이차함수 $y=ax^2+bx+c$의 대칭축은 $x=-\frac{b}{2a}$, 꼭짓점은 $\left(-\frac{b}{2a},\ -\frac{b^2-4ac}{4a}\right)$이고 y절편의 좌표는 $(0,\ c)$이다. 다음 주어진 이차함수의 표준형을 구한 후 대칭축, 꼭짓점, y절편을 찾고 그래프를 그려라.

(1) $y=x^2-2x-3$　　　　(2) $y=2x^2-4x-6$

(3) $y=-0.5x^2-2.7x+4.2$

문제 6-8 이차함수 $y=ax^2+bx+c$의 x절편은 $ax^2+bc+c=0$의 해이다. 따라서 이차방정식 $ax^2+bc+c=0$의 해는 이차함수 $y=ax^2+bx+c$와 x축과의 교점의 x좌표이다. 다음 이차함수가 x축과 만나는 점의 x좌표를 구하여라.

(1) $y=x^2-2x-3$　　　　(2) $y=2x^2-4x-6$

(3) $y=-0.5x^2-2.7x+4.2$

7 CHAPTER 방정식

학습 목표

(1) 등식의 성질을 이용하여 방정식을 풀 수 있다.
(2) 일차방정식을 풀 수 있다.
(3) 이차방정식을 풀 수 있다.

7-1 방정식

- 미지수를 포함하며 등호로 연결된 식을 방정식이라고 한다. (예) $3x-5=x+1$
- 방정식의 등호가 성립하는 미지수의 값을 방정식의 해 또는 근이라고 한다.
  (예) 방정식 $3x-5=x+1$의 해는 $x=3$
- 방정식의 해가 무수히 많은 경우는 부정, 해가 없는 경우는 불능이라고 한다.

연습 7-1 다음 방정식의 해를 구하고 부정 또는 불능인지도 살펴보아라.

(1) $x+1=5$

(2) $x-3=4$

(3) $x+2=x+2$

(4) $x+2=x+3$

7-2 등식의 성질

- $A=B$와 같이 등호로 연결된 식을 등식이라 한다.
- $A=B$이면 다음 등식의 성질이 성립한다.
  (1) $A+C=B+C$
  (2) $A-C=B-C$
  (3) $AC=BC$
  (4) $\frac{A}{C}=\frac{B}{C}$ (단, $C\neq 0$인 경우)

연습 7-2 다음 방정식을 풀어라.

(1) $x-2=7$

(2) $x+7=4$

(3) $\frac{x}{3}=6$

(4) $4x=-24$

7-3 이항

- 등식에서 항을 등호 반대편으로 옮기는 것을 이항이라 하고 이항을 하면 부호가 바뀐다.
- $A+B=C$ 에서 B를 이항하면 $A=C-B$ 이다.

연습 7-3 다음 방정식을 풀어라.

(1) $2x-1=3$

(2) $x+3=2x+6$

7-4 일차방정식

- 일차방정식 $ax+b=0\ (a\neq 0)$의 풀이

$$ax+b=0 \Rightarrow ax=-b \ (b\text{를 이항})$$

$$\Rightarrow x=-\frac{b}{a} \ (a\text{로 나눔})$$

연습 7-4 다음 일차방정식을 풀어라.

(1) $2x+1=3x+2$

(2) $5x-x+8=0$

(3) $7x+2x+5=0$

(4) $2(x+1)=x+1$

7-5 이차방정식

- 실수의 성질 : $AB=0 \Rightarrow A=0$ 또는 $B=0$
- 이차방정식 $ax^2+bx+c=0$ $(a \neq 0)$의 실수인 해는 2개 또는 1개(중근) 또는 없을 수 있다.
- 이차방정식이 $(ax+b)(cx+d)=0$ 와 같이 인수분해되는 경우 해는 $x=-\dfrac{b}{a}$, $c=-\dfrac{d}{c}$ 이다. (단, $a \neq 0$, $c \neq 0$)

연습 7-5 다음 이차방정식을 풀어라.

(1) $(x-3)(x+2)=0$

(2) $x^2-7x+6=0$

(3) $x^2-x-6=0$

(4) $x^2-9=0$

7-6 완전제곱을 이용한 이차방정식의 풀이

- 완전제곱 공식 : $a^2+2ab+b^2=(a+b)^2$

  $a^2-2ab+b^2=(a-b)^2$
- $Ax^2=B \Rightarrow x^2=\dfrac{B}{A}$, 따라서 $x=\pm\sqrt{\dfrac{B}{A}}$
- $A(x+B)^2=C \Rightarrow (x+B)^2=\dfrac{C}{A} \Rightarrow x+B=\pm\sqrt{\dfrac{C}{A}} \Rightarrow x=-B\pm\sqrt{\dfrac{C}{A}}$

[참고] $ax^2+bx+c=0 \Rightarrow a\left(x^2+\dfrac{b}{a}x\right)+c=0$

$$\Rightarrow a\left(x^2+\frac{b}{a}x+\frac{b^2}{4a^2}-\frac{b^2}{4a^2}\right)+c=0$$

$$\Rightarrow a\left(x^2+\frac{b}{a}x+\frac{b^2}{4a^2}\right)-\frac{b^2}{4a}+c=0$$

$$\Rightarrow a\left(x+\frac{b}{2a}\right)^2-\frac{b^2-4ac}{4a}=0$$

$$\Rightarrow a\left(x+\frac{b}{2a}\right)^2-\frac{b^2-4ac}{4a}$$

$$\Rightarrow \left(x+\frac{b}{2a}\right)^2=\frac{b^2-4ac}{4a^2}$$

$$\Rightarrow x=-\frac{b}{2a}\pm\sqrt{\frac{b^2-4ac}{4a^2}}$$

$$\Rightarrow x=-\frac{b}{2a}\pm\frac{\sqrt{b^2-4ac}}{2a}=\frac{-b\pm\sqrt{b^2-4ac}}{2a}$$

연습 7-6 다음 이차방정식을 풀어라.

(1) $3x^2-15=0$

(2) $x^2+2x-8=0$

7-7 이차방정식 근의 공식

• 이차방정식의 근의 공식

$$ax^2+bx+c=0 \Rightarrow x=\frac{-b\pm\sqrt{b^2-4ac}}{2a}$$

연습 7-7 다음 이차방정식의 해를 근의 공식을 이용하여 구하여라.

(1) $x^2-5x-3=0$

(2) $3x^2+4x-2=0$

7-8 이차방정식의 판별식

• 이차방정식 $ax^2+bx+c=0$ 에서 $D=b^2-4ac$를 판별식이라고 한다.

• 근의 판별 $D>0$ $\Rightarrow$ 실수인 해가 2개이다.

$D=0$ $\Rightarrow$ 실수인 해가 1개(중근)이다.

$D<0$ $\Rightarrow$ 실수인 해가 없다. (허근)

연습 7-8 다음 이차방정식의 실수인 해의 개수를 조사하여라.

(1) $x^2-x-2=0$

(2) $x^2-8x+16=0$

(3) $x^2=5x-5$

(4) $x^2-x+1=0$

7-9 이차방정식 작성

- 근이 $x=\alpha$, $x=\beta$인 이차방정식은 $(x-\alpha)(x-\beta)=0$, 즉 $x^2-(\alpha+\beta)x+\alpha\beta=0$ 이다.

연습 7-9 다음을 근으로 갖는 이차방정식을 구하여라.

(1) $x=2$, $x=3$

(2) $x=1+\sqrt{2}$, $x=1-\sqrt{2}$

확인 문제를 풀어봅시다!

확인 7-1 다음 방정식의 해를 구하고 부정 또는 불능인지도 살펴보아라.

(1) $x+2=5$

(2) $x-5=-4$

(3) $2x+2=2x+2$

(4) $2x+2=2x+3$

확인 7-2 다음 방정식을 풀어라.

(1) $x+2=7$

(2) $x-7=4$

(3) $\dfrac{x}{-3}=6$

(4) $-4x=-16$

확인 7-3 다음 방정식을 풀어라.

(1) $-2x-1=3$

(2) $x-3=2x-6$

확인 7-4 다음 일차방정식을 풀어라.

(1) $2x-1=3x+2$

(2) $3x+2x-8=0$

(3) $7x-2x+5=0$

(4) $0.2(x+1)=0.3x+0.4$

확인 7-5 다음 이차방정식을 풀어라.

(1) $(x+3)(x-2)=0$

(2) $x^2-5x-6=0$

(3) $x^2+x-6=0$

(4) $x^2-16=0$

확인 7-6 다음 이차방정식을 풀어라.

(1) $2x^2-6=0$

(2) $x^2-2x-7=0$

확인 7-7 다음 이차방정식의 해를 근의 공식을 이용하여 구하여라.

(1) $x^2-3x-7=0$ (2) $3x^2+2x-8=0$

확인 7-8 다음을 근으로 갖는 이차방정식을 구하여라.

(1) $x=-3$, $x=4$ (2) $x=2+\sqrt{3}$, $x=2-\sqrt{3}$

확인 7-9 다음 이차방정식의 실수인 해의 개수를 조사하여라.

(1) $x^2-x-1=0$ (2) $x^2-12x+36=0$

(3) $x^2=-2x-2$ (4) $2x^2-3x-2=0$

계산기 활용 문제

문제 7-1 다음 일차방정식을 풀어라.

(1) $2x+1=3x+2$

(2) $2x-4=3(x-2)$

(3) $\frac{1}{2}x-5=\frac{1}{5}(2x-3)$

(4) $\frac{x+1}{5}-\frac{x-1}{3}=1$

문제 7-2 다음 일차방정식을 풀어라.

(1) $5(h-2)-3(2h+4)+15=0$

(2) $\frac{2y}{5}+\frac{3}{4}+5=\frac{1}{20}-\frac{3y}{2}$

(3) $2.6x-1.5=0.8x+1.4$

(4) $0.948\alpha=0.15+(0.8)\alpha$

문제 7-3 $3x+5y-28=0$에서 다음을 구하여라.

(1) x의 값이 5일 때, y의 값

(2) x의 값이 25일 때, y의 값

(3) x의 값이 50일 때, y의 값

문제 7-4 다음 방정식을 풀어라.

(1) $3x+2+|x+1|=3$

(2) $|x+2|+|x-3|=2x+2$

문제 7-5 다음 이차방정식을 풀어라.

(1) $3x^2-4=0$

(2) $x^2-2x-8=0$

(3) $3x^2-11x-4=0$

문제 7-6 다음 이차방정식을 풀어라.

(1) $x^2+2x-8=0$

(2) $x^2-x-1=0$

(3) $x^2 + 2.1x - 4.5 = 0$

문제 7-7 다음 이차방정식을 풀어라.

(1) $r^2 + 0.82r - \frac{1}{\pi} = 0$

(2) $9.50 = 8t + 4t^2$

문제 7-8 다음을 근으로 갖는 이차방정식을 구하여라.

(1) $x = 5,\ x = 7$

(2) $x = \frac{7}{4},\ x = \frac{9}{4}$

(3) $x = 1 - \sqrt{3},\ x = 1 - \sqrt{3}$

(4) $x = \sqrt{3} + \sqrt{2},\ x = \sqrt{3} - \sqrt{2}$

문제 7-9 다음 이차방정식의 실수인 해의 개수를 조사하여라.

(1) $x^2 - 5x + 3 = 0$

(2) $0.9x^2 - 0.6x + 1.0 = 0$

(3) $7x^2 = -7x - 14$

(4) $25x^2 - 22x + 4 = 0$

문제 7-10 다음 삼차방정식을 풀어라.

(1) $x^3 - 2x^2 - x + 2 = 0$

(2) $x^3 - 9x^2 + 26x - 24 = 0$

(3) $2x^3 - 10x^2 + 6x + 18 = 0$

(4) $x^3 - 4.5x^2 + 6.5x - 3 = 0$

문제 7-11 다음 방정식을 풀어라. (x^2을 한 문자로 치환한다.)

(1) $x^4 - 5x^2 + 4 = 0$

(2) $x^4 - 5x^2 + 6 = 0$

8 CHAPTER 연립방정식

학습 목표

(1) 연립 일차방정식을 풀 수 있다.
(2) 항등식의 미정계수를 계수비교법으로 구할 수 있다.
(3) 두 직선의 교점을 구할 수 있다.

8-1 연립방정식

- 두 개 이상의 미지수와 이 미지수들을 포함하는 두 개 이상의 방정식을 연립방정식이라고 한다.
- 연립방정식의 미지수의 개수가 n개이고, 방정식들의 최고 차수가 m일 때 n원 m차 연립방정식이라고 한다.
- 연립방정식의 모든 방정식을 만족하는 각 미지수의 값을 연립방정식의 해라 하고, 연립방정식의 해를 구하는 것을 연립방정식을 푼다고 한다.
- 연립방정식은 일반적으로 특정 문자(미지수)들을 소거하여 해를 구하며 가감법, 대입법 등의 풀이법이 있다.

연습 8-1 다음 연립방정식을 풀어라.

$$\begin{cases} x+y=6 \\ x-y=4 \end{cases}$$

8-2 대입법

- 대입법이란 연립방정식의 한 식에 포함된 미지수를 다른 미지수로 나타낸 다음, 그 미지수를 다른 방정식에 대입하여 푸는 방법이다.

$$\begin{cases} P(x,\ y)=0 \\ Q(x,\ y)=0 \end{cases} \Rightarrow \begin{cases} y=R(x) \\ Q(x,\ y)=0 \end{cases} \Rightarrow \begin{cases} y=R(x) \\ Q(x,\ R(x))=0 \end{cases}$$

연습 8-2 다음 연립방정식을 풀어라.

$$\begin{cases} -2x+\ \ y=\ \ 1 \\ \quad\ x+3y=10 \end{cases}$$

8-3 가감법

• 가감법이란 연립방정식의 한 식에 적당한 수를 곱하고 다른 식과 더하거나 빼어 미지수를 소거해 연립방정식을 푸는 방법이다.

$$\begin{cases} P(x,\ y)=0 \\ Q(x,\ y)=0 \end{cases} \Rightarrow \begin{cases} P(x,\ y)=0 \\ Q(x,\ y)+kP(x,\ y)=0 \end{cases}$$

연습 8-3 다음 연립방정식을 풀어라.

$$\begin{cases} x+\ \ y=2 \\ 2x-3y=1 \end{cases}$$

8-4 연립 일차방정식의 해의 개수

• 연립 일차방정식의 해의 개수는 보통은 하나이지만 무수히 많은 경우(부정)와 하나도 없는 경우(불능)가 있다.

연습 8-4 다음 연립방정식을 풀어라.

(1) $\begin{cases} x+\ \ y=2 \\ 3x+3y=6 \end{cases}$

(2) $\begin{cases} x+\ \ y=2 \\ 2x+2y=5 \end{cases}$

(3) $\begin{cases} x+y=2 \\ x-y=5 \end{cases}$

8-5 3원 일차 연립방정식

• 미지수가 3개인 일차 연립방정식을 3원 일차 연립방정식이라고 하며 가감법, 대입법 등을 통해 미지수의 개수를 줄여 푼다.

$$\begin{cases} a_1x+b_1y+c_1z=d_1 \\ a_2x+b_2y+c_2z=d_2 \\ a_3x+b_3y+c_3z=d_3 \end{cases}$$

연습 8-5 다음 연립방정식을 풀어라.

(1) $\begin{cases} x+y+z=6 \\ y-z=-1 \\ z=3 \end{cases}$

(2) $\begin{cases} x+y+z=6 \\ x-y+z=2 \\ x+y-z=0 \end{cases}$

8-6 항등식의 미정계수법

• 항등식 : 식에 포함된 문자에 어떤 값을 대입해도 항상 성립하는 등식

• 다항식 P와 Q에 대해 $P=Q$가 항등식일 때, P와 Q의 같은 차수의 항의 계수가 서로 같도록 하여 얻은 연립방정식을 풀어 미정계수를 정하는 것을 항등식의 미정계수법이라고 한다.

연습 8-6 다음 식이 x에 관한 항등식이 되도록 하는 a, b, c를 구하여라.

(1) $ax-2=-2x+b$

(2) $ax^2+bx+c=0$

(3) $x^2+5x-2=a(x-1)^2+b(x-1)+c$

8-7 부분분수

- $\frac{1}{AB}=\frac{1}{B-A}\left(\frac{1}{A}-\frac{1}{B}\right)$
- 일반적으로 부분분수로 변형할 때의 분자는 분모보다 차수가 1만큼 작음과 다시 통분했을 때의 분자에 대한 항등식의 미정계수법을 이용한다.

$$\frac{ex+f}{(ax+b)(cx+d)}=\frac{A}{ax+b}+\frac{B}{cx+d}$$

$$\frac{gx+h}{(ax+b)(cx+d)(ex+f)}=\frac{A}{ax+b}+\frac{B}{cx+d}+\frac{C}{ex+f}$$

연습 8-7 다음을 부분분수로 분해하여라.

(1) $\frac{1}{(x+2)(x+3)}$ (2) $\frac{2x-3}{x(x+1)}$

(3) $\frac{1}{(x+1)(x-1)(x+2)}$

8-8 두 직선의 교점

- 두 직선 $y=ax+b$와 $y=a'x+b'$의 교점은 연립방정식 $\begin{cases} y=ax+b \\ y=a'x+b' \end{cases}$의 해와 같다.
  (1) $a\neq a'$이면 교점은 1개이다.
  (2) $a=a'$이고 $b=b'$이면 교점은 무수히 많다. (부정)
  (3) $a=a'$이고 $b\neq b'$이면 교점은 하나도 없다. (불능)

연습 8-8 두 직선 $y=-x+5$, $y=2x-4$의 교점을 구하여라.

확인 문제를 풀어봅시다!

확인 8-1 다음 연립방정식을 풀어라.

$$\begin{cases} x-y=6 \\ x+y=4 \end{cases}$$

확인 8-2 다음 연립방정식을 풀어라.

$$\begin{cases} -2x+\ \ y=-1 \\ \quad x-3y=-7 \end{cases}$$

확인 8-3 다음 연립방정식을 풀어라.

$$\begin{cases} 3x+2y=1 \\ 2x-3y=5 \end{cases}$$

확인 8-4 다음 연립방정식을 풀어라.

(1) $\begin{cases} \quad x+\ \ y=-2 \\ -2x-2y=\ \ 4 \end{cases}$

(2) $\begin{cases} \quad 3x+4y=\ \ 2 \\ -6x-8y=10 \end{cases}$

(3) $\begin{cases} x+y=\ \ 3 \\ x-y=-5 \end{cases}$

확인 8-5 다음 연립방정식을 풀어라.

(1) $\begin{cases} x+y+z=6 \\ y-z=1 \\ z=1 \end{cases}$

(2) $\begin{cases} x+y+z=6 \\ x-y+z=2 \\ x+y-z=4 \end{cases}$

확인 8-6 다음 식이 x에 관한 항등식이 되도록 하는 a, b, c를 구하여라.

(1) $2-ax=5x-b$

(2) $ax^2-2x+3=2x^2+bx-c$

(3) $x^2+5x-2=a(x+1)^2+b(x+1)+c$

확인 8-7 다음을 부분분수로 분해하여라.

(1) $\dfrac{1}{(x-1)(x-2)}$

(2) $\dfrac{3x+2}{x(x-1)}$

확인 8-8 다음 두 직선의 교점을 구하여라.

(1) $y=-2x+3$, $y=x-9$

(2) $3x+4y+1=0$, $x+y+1=0$

(3) $x+2y=2$, $2x+4y=4$

(4) $y=\dfrac{1}{2}x+2$, $y=\dfrac{1}{2}x+3$

계산기 활용 문제

문제 8-1 다음 연립방정식을 풀어라.

(1) $\begin{cases} y = 2x + 1 \\ x + 3y = 10 \end{cases}$

(2) $\begin{cases} 3x + 2y = 1 \\ x - 4y = 5 \end{cases}$

(3) $\begin{cases} 3x - 2y = 4 \\ -6x + 4y = 7 \end{cases}$

문제 8-2 다음 연립방정식을 풀어라.

(1) $\begin{cases} 8s - 3t = 51 \\ 3s + 4t = 14 \end{cases}$

(2) $\begin{cases} 4.0\,T_1 - 3.5\,T_2 = 1.5 \\ 0.7\,T_1 + 0.1\,T_2 = 0.5 \end{cases}$

(3) $\begin{cases} \dfrac{3}{4}u - 0.67v = 5.9 \\ 2.1u - 3.9v = \dfrac{24}{5} \end{cases}$

문제 8-3 다음 연립방정식을 풀어라.

(1) $\begin{cases} x + 2y + 2z = 5 \\ x - 2y + 4z = 6 \\ 2x + y - 2z = 0 \end{cases}$

(2) $\begin{cases} x + 3y - 2z = 5 \\ 3x + 5y + 6z = 7 \\ 2x + 4y + 3z = 8 \end{cases}$

(3) $\begin{cases} 3x + 2y - z = 1 \\ 2x - 2y + 4z = -2 \\ -x + \dfrac{1}{2}y - z = 0 \end{cases}$

문제 8-4 다음 연립방정식을 풀어라.

(1) $\begin{cases} A + 60 = 0.8\,T \\ B = 0.6\,T \\ 8A + 6B + 80 = 5\,T \end{cases}$

(2) $\begin{cases} 0.707F_1 - 0.800F_2 = 0 \\ 0.707F_1 + 0.600F_2 - F_3 = 10.0 \\ 3.00F_2 - 3.00F_3 = 20.0 \end{cases}$

문제 8-5 다음 두 식 (1), (2)를 모두 만족하는 x와 y를 구하여라.

(1) $\frac{1}{3}x+\frac{1}{5}y=\frac{1}{3}-\frac{2}{5}+\frac{2}{15}$

(2) $\left(\frac{2}{3}-\frac{1}{6}\right)x+\left(\frac{2}{5}-\frac{3}{10}\right)y=\frac{5}{6}-\frac{1}{6}-\frac{5}{2}$

문제 8-6 다음 두 식 (1), (2)를 모두 만족하는 I_1과 I_2를 구하여라.

(1) $1.5I_1+8(I_2-I_1)=27$ (2) $2I_2-8(I_1-I_2)=-26$

문제 8-7 다음 각 식이 항등식이 되도록 a, b, c의 값을 구하여라.

(1) $x^2-2x+3=a(x-1)^2+b(x-1)+c$

(2) $x^3+3x^2+4x+6=a(x+1)^3+b(x+1)+c$

문제 8-8 다음 각 식이 항등식이 되도록 a, b, c의 값을 구하여라.

(1) $\frac{7x-1}{x^2+x-2}=\frac{a}{x-1}+\frac{b}{x+2}$

(2) $\frac{7x+3}{x(x-1)(x-3)}=\frac{a}{x}+\frac{b}{x-1}+\frac{c}{x-3}$

문제 8-9 다음 세 식 (1), (2), (3)을 모두 만족하는 I_1, I_2, I_3를 구하여라.

(1) $I_1+I_2-I_3=-\frac{3}{2}$

(2) $0.5I_1-3.6I_2+1.2I_3=-5.28$

(3) $\left(\frac{1}{2}+\frac{5}{8}-\frac{5}{16}\right)I_1+\left(\frac{13}{5}+\frac{7}{20}\right)I_2+\frac{5}{16}I_3=14.21625$

문제 8-10 다음 세 식 (1), (2), (3)을 모두 만족하는 T, C, R을 구하여라.

(1) $T+C+R=141.0$

(2) $T+0.9C+4R=424.4$

(3) $\left(\frac{3}{5}+\frac{3}{4}-\frac{11}{20}\right)T+\frac{7}{10}C+\left(\frac{8}{54}-\frac{5}{12}+\frac{83}{108}\right)R=82.7$

문제 8-11 다음 두 직선의 교점을 구하여라.

(1) $3x-5y+9=0$, $-x-2y+6=0$

(2) $y=0.75x-0.89$, $y=-0.46x+1.03$

(3) $10.0x+y=1200$, $50.0x+y=1280$

(4) $0.80x+0.50y=50$, $0.60x-0.87y=12$

9 CHAPTER 부등식

학습 목표

(1) 부등식의 성질을 설명할 수 있다.
(2) 일차부등식과 이차부등식을 풀 수 있다.
(3) 연립 일차부등식을 풀 수 있다.

9-1 부등식의 정의

- 부등호 $<$, $\leq(\leqq)$, $>$, $\geq(\geqq)$를 사용하여 두 수 또는 두 식의 대소 관계를 표현한 식을 부등식이라고 한다.

연습 9-1 다음을 만족하는 x의 범위를 구하여라.

(1) $x+2>3$

(2) $x-2\leq 3$

9-2 부등식의 성질

- 같은 수를 더하거나 빼도 부등호 방향은 같다.

$$A<B \Rightarrow A\pm C<B\pm C$$

- 같은 양수로 곱하거나 나누어도 부등호 방향은 같다.

$$A<B,\ C>0 \Rightarrow AC<BC,\ \frac{A}{C}<\frac{B}{C}$$

- 같은 음수를 곱하거나 나누면 부등호 방향이 바뀐다.

$$A\leq B,\ C<0 \Rightarrow AC\geq BC,\ \frac{A}{C}\geq\frac{B}{C}$$

연습 9-2 $1<x\leq 3$일 때 다음의 범위를 구하여라.

(1) $2x$

(2) $-3x$

(3) $2x+3$

(4) $-4x-2$

9-3 부등식의 풀이

• 부등식에 미지수가 있는 경우 부등호가 성립하는 미지수의 값의 범위를 부등식의 해라 하고, 부등식의 해를 구하는 것을 부등식을 푼다고 한다.

연습 9-3 다음을 풀어라.

(1) 부등식 $-2x \geq 8$을 풀고 그 해를 수직선 위에 나타내어라.

(2) $x-1<4x-4$를 풀고 그 해를 수직선 위에 나타내어라.

9-4 일차부등식

• 일차부등식 $ax \leq b$ $(a \neq 0)$의 해는 다음과 같다.

(1) $a>0$이면 $x \leq \dfrac{b}{a}$

(2) $a<0$이면 $x \geq \dfrac{b}{a}$

연습 9-4 다음 일차부등식을 풀어라.

(1) $2x-1 \geq 3$

(2) $x+3<2x+6$

9-5 이차부등식 (1)

- $x^2+ax+b=0$의 해가 두 개($\alpha<\beta,\ D>0$)인 경우

  (1) 이차부등식 $x^2+ax+b<0 \Leftrightarrow (x-\alpha)(x-\beta)<0$의 해는 $\alpha<x<\beta$

  (2) 이차부등식 $x^2+ax+b\ge 0 \Leftrightarrow (x-\alpha)(x-\beta)\ge 0$의 해는 $x\le\alpha$ 또는 $x\ge\beta$

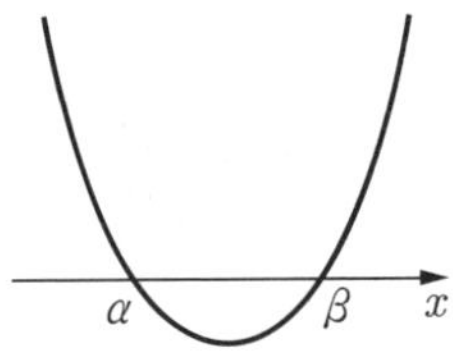

$D>0$

연습 9-5 다음 이차부등식을 풀어라.

(1) $(x+2)(x-3)\le 0$

(2) $-3(x-1)(x+2)<0$

9-6 이차부등식 (2)

- $x^2+ax+b=0$의 해가 중근(α, $D=0$)인 경우
  (1) $x^2+ax+b>0 \Leftrightarrow (x-\alpha)^2>0$의 해는 $x<\alpha$ 또는 $x>\alpha$
  (2) $x^2+ax+b\geq 0 \Leftrightarrow (x-\alpha)^2\geq 0$의 해는 모든 실수
  (3) $x^2+ax+b<0 \Leftrightarrow (x-\alpha)^2<0$의 해는 없음
  (4) $x^2+ax+b\leq 0 \Leftrightarrow (x-\alpha)^2\leq 0$의 해는 $x=\alpha$

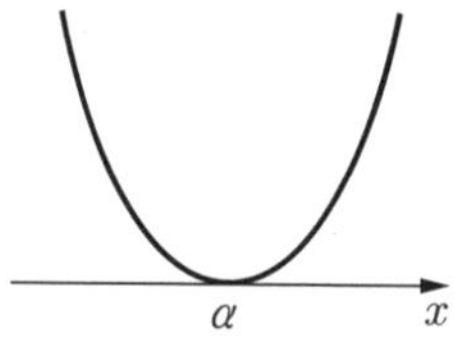

$D=0$

$y=(x-\alpha)^2$

- $x^2+ax+b=0$의 해가 허근($D<0$)인 경우
  (1) $x^2+ax+b>0$의 해는 모든 실수
  (2) $x^2+ax+b\geq 0$의 해는 모든 실수
  (3) $x^2+ax+b<0$의 해는 없음
  (4) $x^2+ax+b\leq 0$의 해는 없음

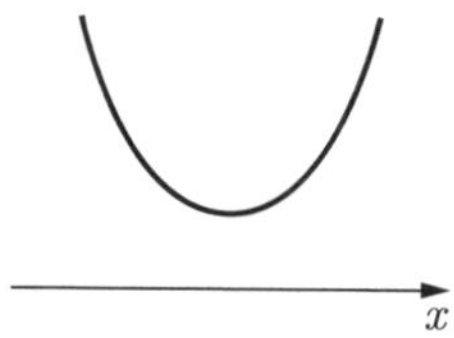

$D<0$

연습 9-6 다음 이차부등식을 풀어라.

(1) $(x-3)^2>0$

(2) $(x+2)^2\leq 0$

(3) $x^2+x+1\geq 0$

(4) $-x^2+2x-3>0$

9-7 연립 일차부등식

- 두 개 이상의 부등식을 쌍으로 묶어서 나타낸 것을 연립부등식이라 하고, 두 개 이상의 일차부등식을 쌍으로 묶어서 나타낸 것을 연립 일차부등식이라고 한다.
- 연립부등식의 각 부등식을 동시에 만족하는 미지수의 값을 연립부등식의 해라 하고, 연립부등식의 모든 해를 구하는 것을 연립부등식을 푼다고 한다.
- $A < B \leq C \Leftrightarrow \begin{cases} A < B \\ B \leq C \end{cases}$

연습 9-7 다음 연립부등식을 풀어라.

(1) $\begin{cases} 2x - 3 < 1 \\ -5x + 2 \leq 7 \end{cases}$

(2) $x + 1 \leq 2x + 3 < x + 8$

9-8 절대부등식

- (산술-기하-조화 부등식) $(a > 0,\ b > 0)$ $\dfrac{a+b}{2} \geq \sqrt{ab} \geq \dfrac{2ab}{a+b}$
- (코시-슈바르츠 부등식) $(ax + by)^2 \leq (a^2 + b^2)(x^2 + y^2)$
- (삼각부등식) $|a + b| \leq |a| + |b|$

연습 9-8 다음을 구하여라.

(1) $x > 0$일 때 $x + \dfrac{2}{x}$의 최솟값을 구하여라.

(2) $x^2 + y^2 = 1$일 때 $2x + 3y$의 범위를 구하여라.

확인 문제를 풀어봅시다!

확인 9-1 다음을 만족하는 x의 범위를 구하여라.

(1) $x+3>2$

(2) $x-3\le 2$

확인 9-2 $6<x<18$일 때 다음의 범위를 구하여라.

(1) $2x$

(2) $-3x$

확인 9-3 다음을 풀어라.

(1) 부등식 $-x\ge 4$을 풀고 그 해를 수직선 위에 나타내어라.

(2) $x-2<3x-4$를 풀고 그 해를 수직선 위에 나타내어라.

확인 9-4 다음 일차부등식을 풀어라.

(1) $-3x+2\ge 4$

(2) $2x+2<2x+4-(x+2)$

확인 9-5 다음 이차부등식을 풀어라.

(1) $(x-2)(x+3)\le 0$

(2) $-(x-1)(x-2)<0$

확인 9-6 다음 이차부등식을 풀어라.

(1) $(x-3)^2\ge 0$

(2) $(x+2)^2<0$

(3) $x^2+x+1>0$

(4) $-x^2+2x-3\ge 0$

확인 9-7 다음 연립부등식을 풀어라.

(1) $\begin{cases} 2x-2<4 \\ x+2 \geq 1 \end{cases}$

(2) $-6x-4<x+3 \leq 8-4x$

확인 9-8 다음을 구하여라.

(1) $x>0$일 때 $x+\dfrac{4}{x}$의 최솟값을 구하여라.

(2) $x^2+y^2=1$일 때 $3x+4y$의 범위를 구하여라.

계산기 활용 문제

문제 9-1 다음 일차부등식을 풀어라.

(1) $2x+1>3x+2$

(2) $2x-4\leq 3(x-2)$

(3) $\frac{1}{2}x-5<\frac{1}{5}(2x-3)$

(4) $\frac{x+1}{5}-\frac{x-1}{3}\geq 1$

문제 9-2 다음 일차부등식을 풀어라.

(1) $5(h-2)-3(2h+4)+15\geq 0$

(2) $\frac{2y}{5}+\frac{3}{4}+5>\frac{1}{20}-\frac{3y}{2}$

(3) $2.6x-1.5\leq 0.8x+1.4$

(4) $0.948\alpha<0.15+(0.8)\alpha$

문제 9-3 $3x+5y-28\geq 0$에서 다음을 구하여라.

(1) x의 값이 5일 때, y의 범위

(2) x의 값이 25일 때, y의 범위

(3) x의 값이 50일 때, y의 범위

문제 9-4 다음 이차부등식을 풀어라.

(1) $3x^2-4>0$

(2) $x^2+2x-8<0$

(3) $3x^2-11x-4\leq 0$

문제 9-5 다음 이차부등식을 풀어라.

(1) $x^2+2x-8\geq 0$

(2) $x^2-x-1<0$

(3) $x^2+2.1x-4.5>0$

문제 9-6 다음 이차부등식을 풀어라.

(1) $r^2+0.82r-\dfrac{1}{\pi}<0$

(2) $9.50 \ge 8t+4t^2$

문제 9-7 다음 이차부등식을 풀어라.

(1) $x^2-2x+2<0$

(2) $-x^2+2x-3 \le 0$

(3) $0.7x^2-1.4x+2.8 \le 0$

(4) $\sqrt{5}\,x^2-\sqrt{3}\,x+\sqrt{7}<0$

문제 9-8 다음 연립부등식을 풀어라.

(1) $\begin{cases} 3.99x-2.88 \le 4.42 \\ 5.23x+2.92>4.29 \end{cases}$

(2) $-4.23x-2.83<1.3x+2.93 \le 55.23-5.23x$

문제 9-9 다음을 구하여라.

(1) $x>0$일 때 $3.8x+\dfrac{4.5}{x}$의 최솟값을 구하여라.

(2) $x^2+y^2=1$일 때 $7\sqrt{2}\,x+4\sqrt{5}\,y$의 범위를 구하여라.

10 점과 직선

CHAPTER

학습 목표

(1) 피타고라스 정리를 설명할 수 있다.
(2) 두 점 사이의 거리를 구할 수 있다.
(3) 두 점을 지나는 직선의 방정식을 구할 수 있다.

10-1 좌표평면

- 수평한 수직선인 x축과 이와 수직으로 만나는 수직선인 y축이 그려진 평면을 좌표평면이라 하고, 두 축이 만나는 점을 원점이라 한다.
- 좌표평면 위의 점 P에서 x축에 내린 수선의 발의 좌표가 a이고 y축에 내린 수선의 발을 좌표가 b일 때, P의 좌표를 $(a,\ b)$라 하고 $P(a,\ b)$로 나타낸다. 이 때, a는 P의 x좌표, b는 P의 y좌표이다. 원점은 $O(0,\ 0)$이다.

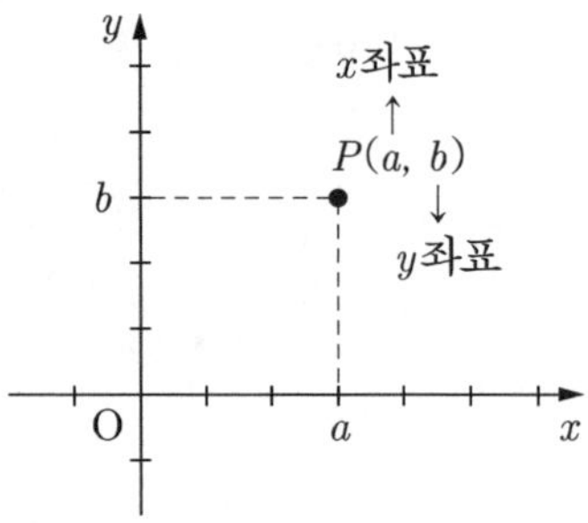

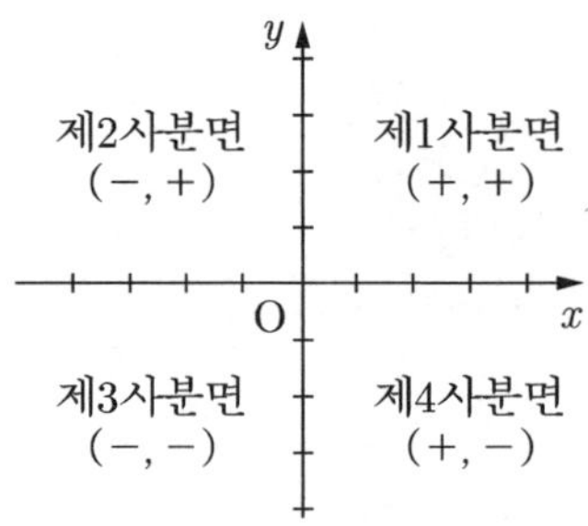

- 좌표평면에서 두 축으로 나누어진 영역을 사분면이라고 하며 반시계방향으로 제1사분면, 제2사분면, 제3사분면, 제4사분면으로 부른다.

연습 10-1 다음 점을 좌표평면 위에 표시하고, 각 점이 놓인 사분면을 말하여라.

(1) $A(-2,\ 3)$ (2) $B(3,\ -4)$

(3) $C(-2,\ -3)$ (4) $D(4,\ 3)$

10-2 피타고라스 정리

- 직각삼각형의 빗변의 길이가 r이고 다른 두 변의 길이가 a, b일 때, $r^2 = a^2 + b^2$이다.

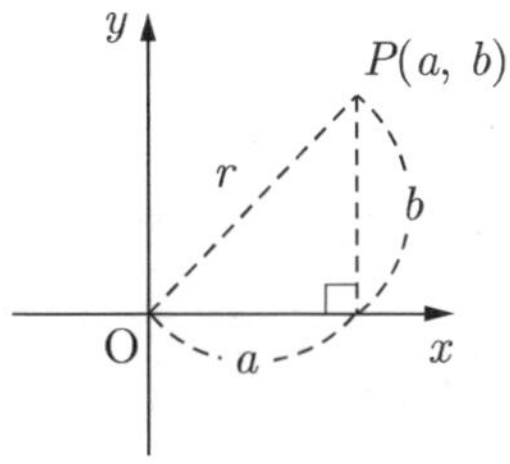

- $P(a,\ b)$와 원점 $O(0,\ 0)$과의 거리는 $r = \sqrt{a^2 + b^2}$ 이다.

연습 10-2 다음 점과 원점과의 거리를 구하여라.

(1) $A(3,\ 4)$ (2) $B(-3,\ -4)$

(2) $C(-6,\ 8)$ (3) $D(2,\ -4)$

10-3 두 점 사이의 거리

• 좌표평면의 두 점 $A(x_1, y_1)$과 $B(x_2, y_2)$ 사이의 거리는 다음과 같다.

$$\overline{AB} = \sqrt{(\Delta x)^2 + (\Delta y)^2} = \sqrt{(x_2 - x_1)^2 + (y_2 - y_1)^2}$$

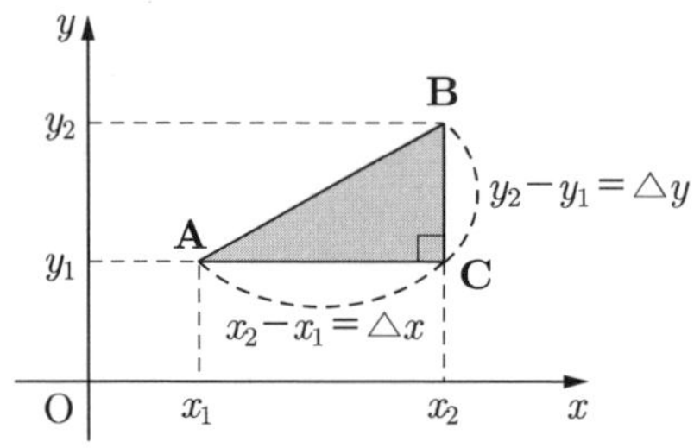

연습 10-3 다음 두 점 사이의 거리를 구하여라.

(1) $A(1,\ 2),\ B(3,\ 6)$ (2) $A(-1,\ 2),\ B(-3,\ 8)$

10-4 중점

• 좌표평면의 두 점 $A(x_1, y_1)$과 $B(x_2, y_2)$의 중점 M의 좌표는 $M\left(\dfrac{x_1 + x_2}{2},\ \dfrac{y_1 + y_2}{2}\right)$이다.

연습 10-4 다음 두 점의 중점의 좌표를 구하여라.

(1) $A(1,\ 2),\ B(3,\ 6)$ (2) $A(-1,\ 2),\ B(-3,\ 8)$

10-5 직선의 기울기

• 좌표평면의 두 점 $A(x_1,\ y_1)$과 $B(x_2,\ y_2)$를 지나는 직선의 기울기는

$m=\dfrac{\Delta y}{\Delta x}=\dfrac{y_2-y_1}{x_2-x_1}$ 이다. (단 $x_1 \neq x_2$)

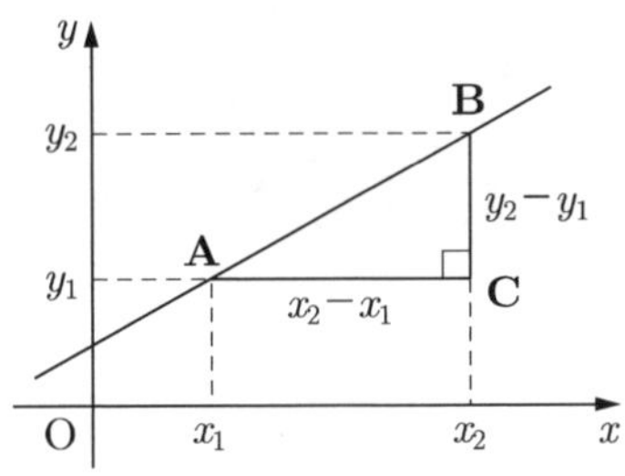

• 수직인 직선의 기울기는 정의하지 않으며(무한대), 수평한 직선의 기울기는 0이다.

연습 10-5 다음 두 점을 지나는 직선의 기울기를 구하여라.

(1) $A(1,\ 2),\ B(3,\ 6)$

(2) $A(-1,\ 2),\ B(-3,\ 8)$

10-6 직선의 방정식 (1)

- 좌표평면 위의 도형의 방정식이란 도형 위의 각 점 $(x,\ y)$가 만족하는 방정식 $P(x,\ y)=0$을 말한다.
- 기울기가 m이고 한 점 $(x_1,\ y_1)$을 지나는 직선의 방정식은 $y=m(x-x_1)+y_1$이다.

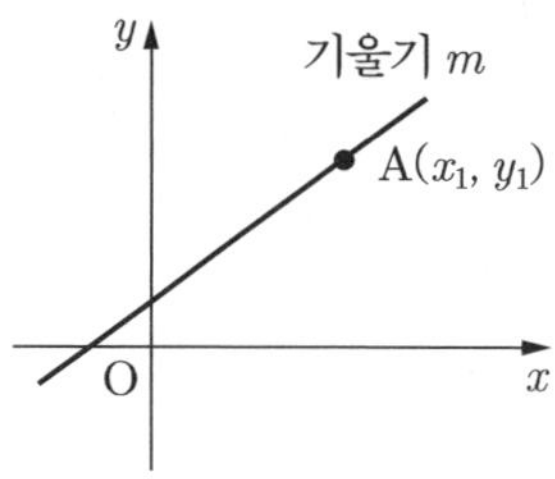

- $(a,\ b)$를 지나고 y축에 평행한 직선의 방정식은 $x=a$이고, x축에 평행한 직선의 방정식은 $y=b$이다.

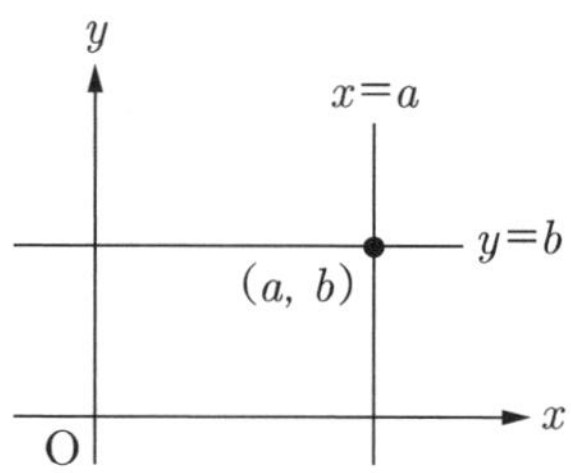

연습 10-6 다음 도형의 방정식을 구하여라.

(1) $(1,\ 2)$를 지나고 기울기가 3인 직선

(2) $(1,\ 2)$를 지나고 x축에 수직인 직선

(3) $(1,\ 2)$를 지나고 y축에 수직인 직선

(4) 두 점 $A(1,\ 2)$, $B(3,\ 6)$를 지나는 직선

10-7 직선의 방정식 (2)

- 도형이 x축($y=0$)을 지나는 점을 x절편, y축($x=0$)을 지나는 점을 y절편이라고 한다.
- x절편이 a, y절편이 b인 직선의 방정식은 $\frac{x}{a}+\frac{y}{b}=1$ 이다.

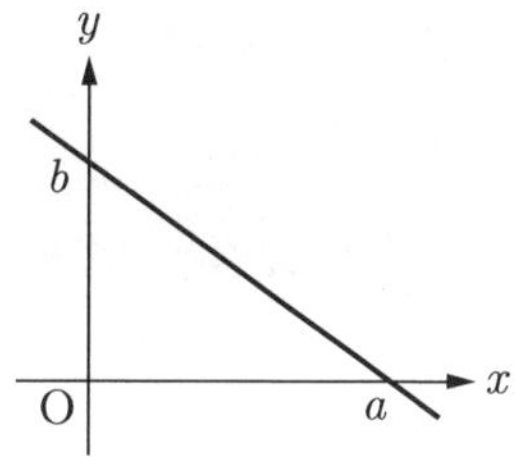

- 일반적인 직선의 방정식은 $Ax+By+C=0$ 의 형태이다. 이 때, x절편은 $-\frac{C}{A}$, y절편은 $-\frac{C}{B}$, 기울기는 $m=-\frac{A}{B}$이다.

연습 10-7 다음을 풀어라.

(1) 직선 $\frac{x}{3}+\frac{y}{2}=1$ 의 x절편과 y절편을 구하고 그래프를 그려라.

(2) 직선 $6x+3y=12$의 x절편, y절편, 기울기를 구하여라.

10-8 두 직선의 위치관계

• 두 직선 $y = mx + b$와 $y = m'x + b'$에 대해

(1) $m \neq m'$이면 두 직선은 한 점에서 만난다.

(2) $m = m'$이고 $b = b'$이면 두 직선은 일치한다.

(3) $m = m'$이고 $b \neq b'$이면 두 직선은 평행하다.

(4) $mm' = -1$이면 두 직선은 수직으로 만난다.

• 두 직선 $ax + by = c$와 $a'x + b'y = c'$의 교점은 연립방정식 $\begin{cases} ax + by = c \\ a'x + b'y = c' \end{cases}$의 해이다.

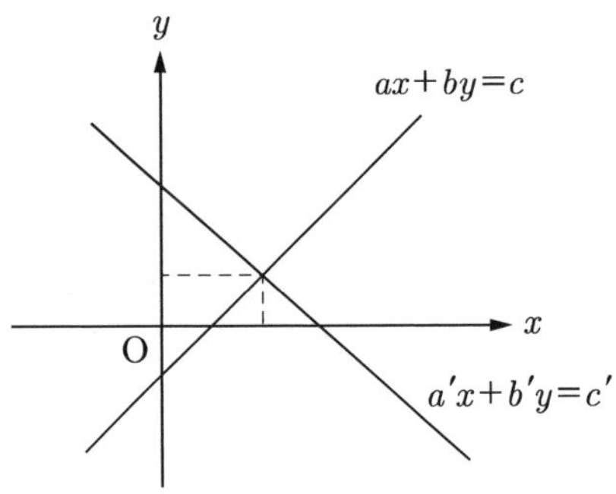

연습 10-8 두 직선 $y = -x + 5$, $y = mx - 4$가 수직으로 만날 때의 m과 그 교점을 구하여라.

10-9 점과 직선과의 거리

• 직선 $Ax+By+C=0$ 과 점 $(x_1,\ y_1)$과의 거리는 $d=\dfrac{|Ax_1+By_1+C|}{\sqrt{A^2+B^2}}$이다.

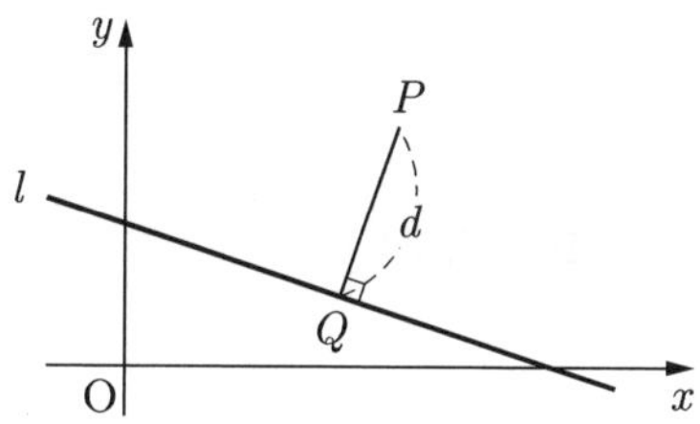

연습 10-9 점 $(1,\ 2)$에서 직선 $2x-3y+6=0$에 내린 수선의 길이를 구하여라.

확인 문제를 풀어봅시다!

확인 10-1 다음 점을 좌표평면위에 표시하고, 각 점이 놓인 사분면을 말하여라.

(1) $A(4,\ 2)$ (2) $B(2,\ -4)$

(3) $C(-2,\ -4)$ (4) $D(-4,\ 2)$

확인 10-2 다음 점과 원점과의 거리를 구하여라.

(1) $A(1,\ 1)$ (2) $B(\sqrt{2},\ \sqrt{2})$

(2) $C(-4,\ -2)$ (3) $D(-3,\ 3)$

확인 10-3 다음 두 점 사이의 거리를 구하여라.

(1) $A(6,\ 1),\ B(9,\ 1)$ (2) $A(2,\ 1),\ B(2,\ 4)$

(3) $A(2,\ 5),\ B(6,\ 8)$ (4) $A(-3,\ 2),\ B(9,\ -3)$

확인 10-4 다음 두 점의 중점의 좌표를 구하여라.

(1) $A(1,\ -1),\ B(3,\ 5)$ (2) $A(-4,\ -2),\ B(1,\ 1)$

확인 10-5 다음 두 점을 지나는 직선의 기울기를 구하여라.

(1) $A(0,\ -2),\ B(-8,\ 0)$ (2) $A(3,\ 4),\ B(7,\ 6)$

(3) $A(-1,\ -2),\ B(3,\ -5)$

확인 10-6 다음 도형의 방정식을 구하여라.

(1) $(2,\ 1)$를 지나고 기울기가 $\frac{1}{2}$인 직선

(2) $(-2,\ -1)$를 지나고 기울기가 -3인 직선

(3) 두 점 $A(-1,\ 2)$, $B(3,\ 8)$을 지나는 직선

확인 10-7 다음 도형의 방정식을 구하여라.

(1) $(3,\ -2)$를 지나고 x축에 수직인 직선
(2) $(3,\ -2)$를 지나고 y축에 수직인 직선
(3) $(-4,\ 4)$를 지나고 x축에 평행인 직선
(4) $(-4,\ 4)$를 지나고 y축에 평행인 직선

확인 10-8 다음을 풀어라.

(1) 직선 $\frac{x}{3}-\frac{y}{2}=1$ 의 x절편과 y절편을 구하고 그래프를 그려라.
(2) 직선 $-2x+4y=-6$의 기울기, x절편, y절편을 구하여라.

확인 10-9 다음 두 점을 지나는 직선과 수직인 직선의 기울기를 구하여라.

(1) $(-1,\ 2)$과 $(5,\ -2)$ (2) $(-3,\ -2)$과 $(3,\ 5)$

확인 10-10 다음을 풀어라.

(1) 점 $(1,\ 2)$와 직선 $2x-3y+6=0$과의 거리를 구하여라.
(2) 점 $(-1,\ 2)$와 직선 $y=3x-2$와의 거리를 구하여라.

확인 10-11 다음 두 직선의 교점을 구하여라.

(1) $\begin{cases} y=2x+1 \\ y=3x-2 \end{cases}$ (2) $\begin{cases} y=2x+1 \\ 2x+3y=19 \end{cases}$

(3) $\begin{cases} 2x+3y=-4 \\ 3x-2y=12 \end{cases}$

확인 10-12 두 직선 $y=2x+2$, $y=mx+3$이 수직으로 만날 때의 교점을 구하여라.

계산기 활용 문제

문제 10-1 다음 두 점 사이의 거리를 구하여라.

(1) $A(3,\ -1),\ B(-2,\ -5)$ (2) $A(3,\ 8),\ B(-1,\ -5)$

문제 10-2 다음 두 점 사이의 거리를 구하여라.

(1) $A(5,\ 2),\ B(6,\ 9)$

(2) $A(\sqrt{18},\ \sqrt{32}),\ B(-\sqrt{50},\ \sqrt{18})$

(3) $A(1.22,\ -3.45),\ B(-1.17,\ -4.76)$

(4) $A(e,\ \pi),\ B(-2\pi,\ -e)$

문제 10-3 다음 두 점의 중점을 구하여라.

(1) $A(3,\ -1),\ B(-2,\ -5)$

(2) $A(3,\ 8),\ B(-1,\ -5)$

(3) $A(\sqrt{18},\ \sqrt{32}),\ B(-\sqrt{50},\ \sqrt{18})$

(4) $A(\sqrt{12},\ -\sqrt{20}),\ B(\sqrt{45},\ -\sqrt{32})$

문제 10-4 다음 세 점을 꼭짓점으로 하는 삼각형 ABC의 둘레의 길이를 구하여라.

(1) $A(0,\ 0),\ B(4,\ 0),\ C(2,\ 5)$

(2) $A(-2,\ 3),\ B(2,\ -5),\ C(6,\ 3)$

문제 10-5 다음 두 점을 지나는 직선의 기울기를 구하여라.

(1) $A(3,\ -1),\ B(-2,\ -5)$

(2) $A(3,\ 8),\ B(-1,\ -5)$

(3) $A(1.22,\ -3.45),\ B(-1.17,\ -4.76)$

(4) $A(\sqrt{18},\ \sqrt{32}),\ B(-\sqrt{50},\ \sqrt{18})$

문제 10-6 다음 두 점을 지나는 직선의 방정식을 구하여라.

(1) $A(3,\ -1),\ B(-2,\ -5)$

(2) $A(3,\ 8),\ B(-1,\ -5)$

(3) $A(1.22,\ -3.45),\ B(-1.17,\ -4.76)$

(4) $A(\sqrt{18},\ \sqrt{32}),\ B(-\sqrt{50},\ \sqrt{18})$

문제 10-7 다음 직선의 x절편과 y절편을 구하고 그래프를 그려라.

(1) $2x-3y+6=0$

(2) $1.23x-5.48y-3.43=0$

(3) $\sqrt{2}\,x-\sqrt{3}\,y+6=0$

문제 10-8 다음 두 점을 지나는 직선과 수직인 직선의 기울기를 구하여라.

(1) $A(3,\ -1),\ B(-2,\ -5)$

(2) $A(3,\ 8),\ B(-1,\ -5)$

(3) $A(1.22,\ -3.45),\ B(-1.17,\ -4.76)$

(4) $A(\sqrt{18},\ \sqrt{32}),\ B(-\sqrt{50},\ \sqrt{18})$

문제 10-9 다음 점과 직선 $12.5x-6.7y=12.3$과의 거리를 구하여라.

(1) $(2,\ -3)$

(2) $(5.8,\ -4.2)$

문제 10-10 평행한 두 직선 $12.5x-6.7y-12.3=0$과 $12.5x-6.7y+12.3=0$과의 거리를 구하여라.

문제 10-11 다음 세 직선으로 둘러싸인 삼각형의 꼭짓점을 구하여라.

(1) $8x+5y+1=0,\ 12x-y-41=0,\ 4x-6y+26=0$

(2) $4.1x-5.4y-13.02=0,\ 4.4x-2.3y-8.73=0,\ 8.5x-7.7y-7.42=0$

11 원과 타원

CHAPTER

학습 목표

(1) 원의 방정식을 구할 수 있다.

(2) 원의 접선을 구할 수 있다.

(3) 타원의 방정식을 구할 수 있다.

11-1 원의 방정식

- 한 정점으로부터 거리가 일정한 점들의 모임을 원이라 하고, 정점을 중심, 일정한 거리를 반지름이라고 한다.
- 중심이 원점 $O(0,\ 0)$이고 반지름이 r인 원의 방정식은 $x^2+y^2=r^2$이다.
- 중심이 $(a,\ b)$이고 반지름이 r인 원의 방정식은 $(x-a)^2+(y-b)^2=r^2$이다.

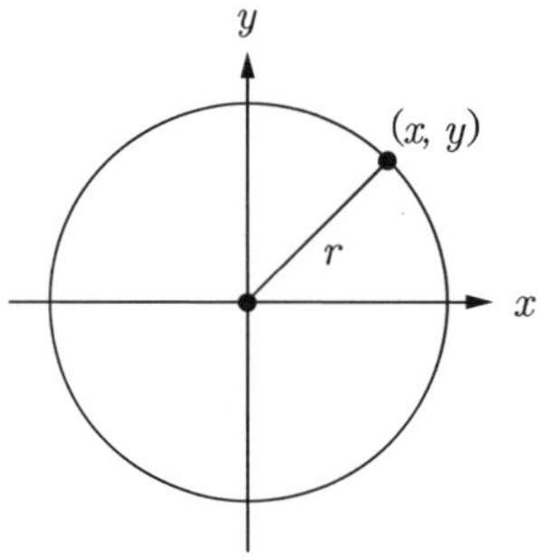

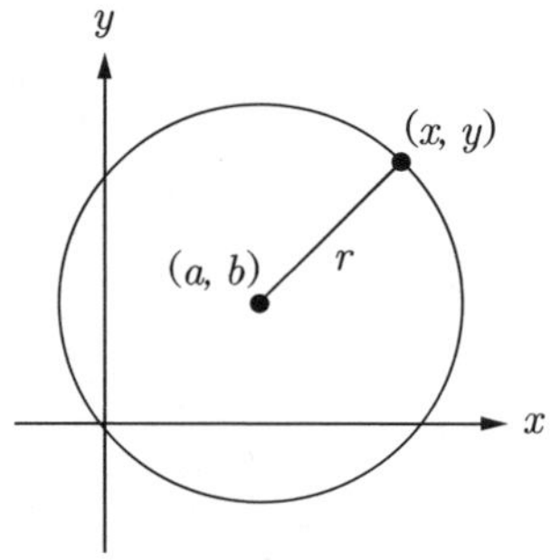

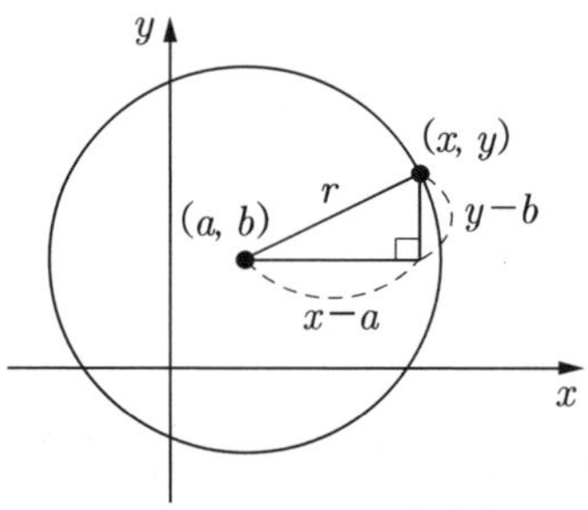

연습 11-1 다음 원의 방정식을 구하여라.

(1) 중심이 $(1,\ 2)$이고 반지름이 3인 원

(2) 중심이 $(-1,\ 2)$이고 반지름이 $\sqrt{2}$인 원

(3) 중심이 $(1,\ -2)$이고 점 $(0,\ 1)$을 지나는 원

11-2 원의 방정식의 표준형과 일반형

- 원의 방정식의 표준형 $(x-a)^2+(y-b)^2=r^2$을 전개하여 정리하면 $x^2+y^2+Ax+By+C=0$ 이 되는데, 이러한 형태의 방정식을 원의 방정식의 일반형이라고 한다.

연습 11-2 원 $x^2+y^2+2x-4y-4=0$의 중심과 반지름을 구하여라.

11-3 원의 평행이동과 대칭이동

- 원을 평행이동하거나 대칭이동할 때의 반지름은 변하지 않으며, 중심을 평행이동하거나 대칭이동하면 된다.

연습 11-3 $(x-1)^2+(y-2)^2=4$를 다음과 같이 이동한 방정식을 구하여라.

(1) x축으로 2, y축으로 -3만큼 평행이동

(2) y축 대칭이동

11-4 원과 직선의 관계

- 직선 $y=ax+b$와 원 $x^2+y^2=r^2$과의 교점은 연립방정식 $\begin{cases} y=ax+b \\ x^2+y^2=r^2 \end{cases}$의 해이다.
- 이차방정식 $x^2+(ax+b)^2=r^2$의
  (1) 해가 2개이면 직선과 원은 두 점에서 만난다. $D>0$
  (2) 해가 1개이면 직선과 원은 접한다. $D=0$
  (3) 해가 없으면 직선과 원은 안 만난다. $D<0$

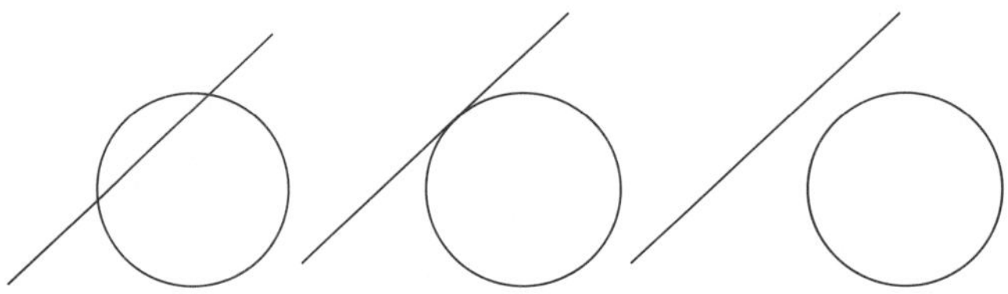

$D>0$ $D=0$ $D<0$

연습 11-4 다음 직선과 원의 교점을 구하여라.

$$y=-x,\ x^2+y^2=8$$

11-5 두 원의 위치관계

- 두 원이 외접하면 중심간의 거리는 반지름의 합과 같다.
- 두 원이 내접하면 중심간의 거리는 반지름의 차와 같다.
- 두 원이 두 점에서 만나면 중심간의 거리는 반지름의 합보다는 작고 반지름이 차보다는 크다.
- 두 원이 안 만나면 중심간의 거리는 반지름의 합보다는 크거나 반지름이 차보다는 작다.

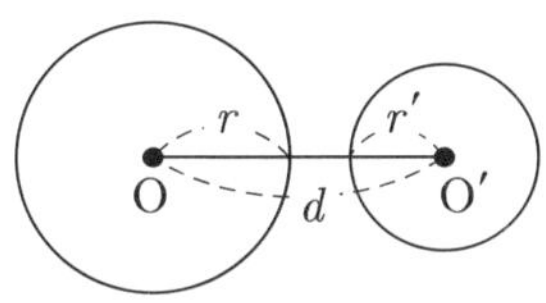

$r+r' < d$

한 원이 다른 원의 외부에 있다.

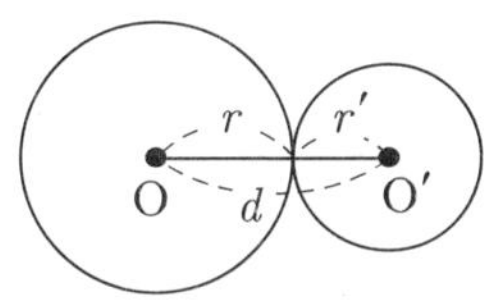

$r+r' = d$

외부에서 접한다.

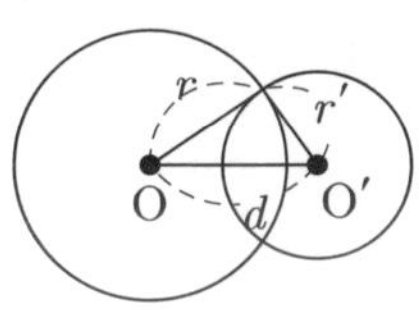

$r-r' < d < r+r'$

두 점에서 만난다.

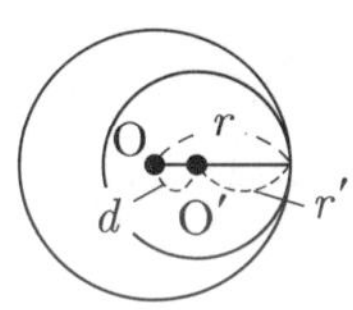

$r-r' = d$

내부에서 접한다.

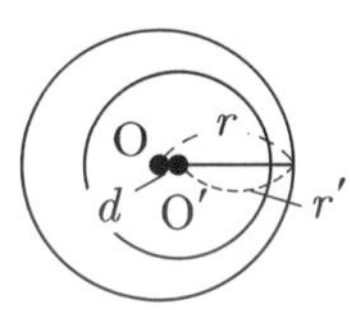

$r-r' > d$

한 원이 다른 원의 내부에 있다.

연습 11-5 다음 두 원의 위치관계를 조사하여라.

$$(x-1)^2+(y-2)^2=4,\ (x-4)^2+(y-6)^2=9$$

11-6 원과 거리

- 만나지 않는 원과 점 또는 직선과의 최단(대)거리는 원의 중심과 직선과의 거리에서 원의 반지름을 뺀(더한) 것이다.

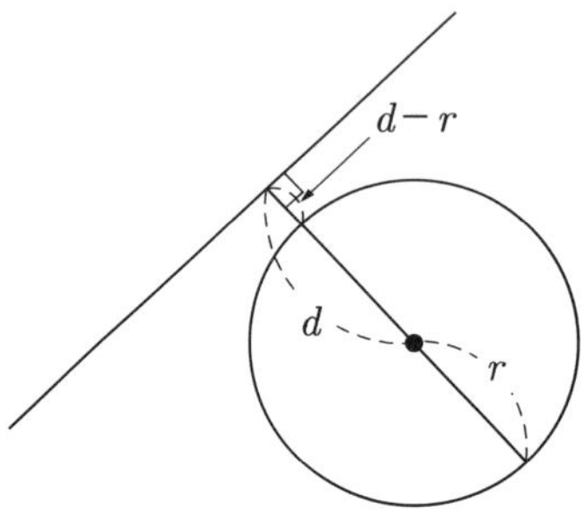

- 만나지 않고 서로를 포함하지 않는 두 원 사이의 최단거리는 두 원의 중심간의 거리에서 반지름의 합을 뺀 것이다.

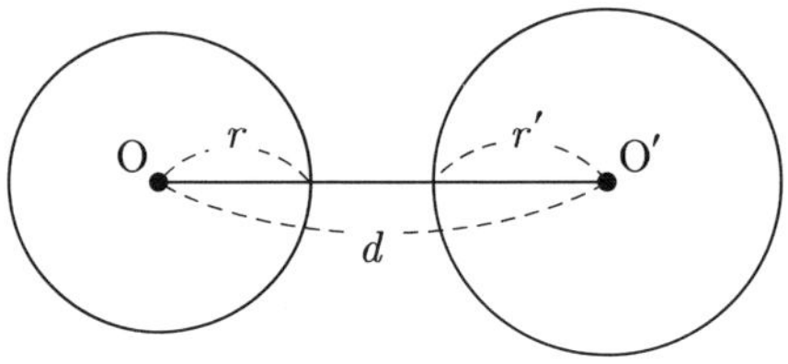

연습 11-6 다음을 구하여라.

(1) 점 $A(5,\ 5)$와 원 $(x-1)^2+(y-2)^2=4$위의 점들과의 최단거리를 구하여라.

(2) 두 원 $(x-1)^2+(y-2)^2=4,\ (x-6)^2+(y-14)^2=16$ 사이의 최단거리를 구하여라.

11-7 타원의 방정식

• 원을 좌표축의 방향으로 확대 또는 축소하여 얻은 도형을 타원이라 하며, 타원의 가장 긴 축을 장축, 가장 짧은 축을 단축이라고 하고 장축과 단축의 교점을 타원의 중심이라고 한다.

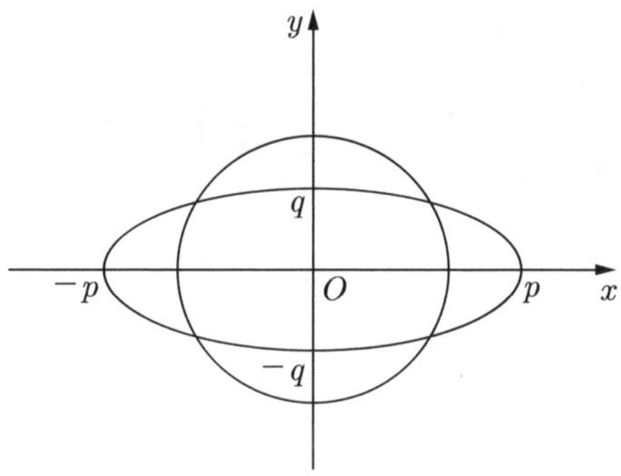

• 중심이 원점이고 장축의 길이가 $2p$, 단축의 길이가 $2q(p > q)$인 타원의 방정식은 $\frac{x^2}{p^2}+\frac{y^2}{q^2}=1$ 이다.

연습 11-7 타원 $\frac{x^2}{4}+\frac{y^2}{9}=1$ 의 그래프를 그리고, x절편과 y절편, 장축의 길이와 단축의 길이, 타원의 중심을 구하여라.

11-8 타원과 직선의 관계

- 직선 $y=ax+b$와 타원 $\frac{x^2}{p^2}+\frac{y^2}{q^2}=1$ 과의 교점은 연립방정식 $\begin{cases} y=ax+b \\ \frac{x^2}{p^2}+\frac{y^2}{q^2}=1 \end{cases}$ 의 해이다.
- 이차방정식 $\frac{x^2}{p^2}+\frac{(ax+b)^2}{q^2}=1$ 의

  (1) 해가 2개이면 직선과 타원은 두 점에서 만난다. $D>0$

  (2) 해가 1개이면 직선과 타원은 접한다. $D=0$

  (3) 해가 없으면 직선과 타원은 안 만난다. $D<0$

연습 11-8 다음 직선과 타원의 교점을 구하여라.

$$y=-x,\ \frac{x^2}{1}+\frac{y^2}{3}=1$$

확인 문제를 풀어봅시다!

확인 11-1 다음 원의 방정식을 구하여라.

(1) 중심이 $(1,\ 2)$이고 반지름이 3인 원

(2) 중심이 $(-1,\ 2)$이고 반지름이 4인 원

(3) 중심이 $(-2,\ 1)$이고 반지름이 $\frac{1}{2}$인 원

(4) 중심이 $(2,\ 1)$이고 반지름이 $\sqrt{2}$인 원

확인 11-2 다음을 구하여라.

(1) 원 $x^2+y^2-2x-4y-4=0$의 중심과 반지름을 구하여라.

(2) 원 $x^2+y^2-4x-4y-1=0$의 중심과 반지름을 구하여라.

확인 11-3 $(x+1)^2+(y-3)^2=6$을 다음과 같이 이동한 방정식을 구하여라.

(1) x축으로 -2, y축으로 4만큼 평행이동

(2) x축 대칭이동

확인 11-4 다음 직선과 원의 교점을 구하여라.

(1) $y=x,\ x^2+y^2=8$

(2) $x+y=2,\ x^2+y^2=2$

확인 11-5 다음 두 원의 위치관계를 조사하여라.

$(x-1)^2+(y-2)^2=4,\ (x-4)^2+(y-6)^2=4$

확인 11-6 다음을 구하여라.

(1) 점 $A(5,\ 5)$와 원 $(x-1)^2+(y-2)^2=4$위의 점들과의 거리 중 최솟값을 구하여라.

(2) 직선 $3x+4y+8=0$과 원 $(x-1)^2+(y-1)^2=4$위의 점들과의 거리 중 최솟값을 구하여라.

확인 11-7 다음 두 원 사이의 최단거리를 구하여라.

(1) $x^2+y^2=1,\ (x+3)^2+(y-4)^2=4$

(2) $(x-1)^2+(y+1)^2=4,\ (x-4)^2+(y-3)^2=4$

확인 11-8 다음 타원의 그래프를 그리고, x절편, y절편, 장축의 길이와 단축의 길이, 타원의 중심을 구하여라.

(1) $\dfrac{x^2}{4}+\dfrac{y^2}{16}=1$

(2) $\dfrac{x^2}{9}+\dfrac{y^2}{4}=1$

(3) $16x^2+9y^2=144$

확인 11-9 다음 직선과 타원의 교점을 구하여라.

(1) $y=x,\ \dfrac{x^2}{1}+\dfrac{y^2}{3}=1$

(2) $y=2x+4,\ 4x^2+y^2=8$

계산기 활용 문제

문제 11-1 다음 원의 방정식을 구하여라.

(1) 중심이 $(1,\ 2)$이고 $(2,\ 3)$을 지나는 원

(2) 중심이 $(-1,\ 2)$이고 $(5,\ 7)$을 지나는 원

(3) 중심이 $(-2,\ 1)$이고 $(-2,\ 3)$을 지나는 원

(4) 중심이 $(2,\ 1)$이고 $(-2,\ 3)$을 지나는 원

문제 11-2 다음 세 점을 지나는 원의 방정식을 구하여라.

(1) $(0,\ -1),\ (0,\ 5),\ (-4,\ 1)$

(2) $(8,\ 1),\ (-4,\ 1),\ (-1,\ 10)$

문제 11-3 꼭짓점이 다음과 같은 삼각형 ABC의 외접원의 중심과 반지름을 구하여라.

(1) $A(0,\ -1),\ B(0,\ 5),\ C(-4,\ 1)$

(2) $A(8,\ 1),\ B(-4,\ 1),\ C(-1,\ 10)$

문제 11-4 다음 직선과 원의 교점을 구하여라.

(1) $y=-x+2,\ x^2+y^2=2$

(2) $y=x-2,\ x^2+y^2-4x-8y-16=0$

문제 11-5 다음 두 원의 위치관계를 조사하여라.

(1) $(x-1)^2+(y+2)^2=16,\ (x-4)^2+(y+6)^2=8$

(2) $(x+1)^2+(y+2)^2=6,\ (x-4)^2+(y-6)^2=8$

문제 11-6 다음을 구하여라.

(1) 점 $A(7.2,\ 4.8)$와 원 $(x-1)^2+(y-2)^2=4$ 위의 점들과의 거리 중 최솟값을 구하여라.

(2) 직선 $3x+2y+3=0$과 원 $(x-1)^2+(y-1)^2=4$ 위의 점들과의 거리 중 최솟값을 구하여라.

문제 11-7 다음 두 원 사이의 최단거리를 구하여라.

(1) $x^2+y^2=1,\ (x-5)^2+(y-6)^2=4$

(2) $(x-1)^2+(y+1)^2=2,\ (x-4)^2+(y-4)^2=8$

문제 11-8 다음 타원의 x절편과 y절편을 구하고 장축의 길이와 단축의 길이, 타원의 중심을 구하여라.

(1) $\dfrac{x^2}{32}+\dfrac{y^2}{16}=1$

(2) $\dfrac{x^2}{8}+\dfrac{y^2}{6}=1$

(3) $2x^2+y^2=16$

문제 11-9 다음 직선과 타원의 교점을 구하여라.

(1) $y=x+1,\ \dfrac{x^2}{1}+\dfrac{y^2}{3}=1$

(2) $y=x+2,\ 4x^2+y^2=8$

12 지수와 지수함수

CHAPTER

학습 목표

(1) 유리수 지수의 의미를 설명할 수 있다.
(2) 지수함수의 그래프를 그릴 수 있다.
(3) 과학 표기와 공학 표기의 의미를 설명할 수 있다.

12-1 지수의 정의

- n이 자연수일 때,

$$a^n = \underbrace{a \times a \times \cdots \times a}_{n\text{번}},\ a^{-n} = \frac{1}{a^n} = \frac{1}{\underbrace{a \times a \times \cdots \times a}_{n\text{번}}},\ a^0 = 1$$

- $a^{\frac{1}{n}} = \sqrt[n]{a}$ (단, n이 짝수일 때는 $a \geq 0$)
- $a^{\frac{m}{n}} = \underbrace{a^{\frac{1}{n}} \times a^{\frac{1}{n}} \times \cdots \times a^{\frac{1}{n}}}_{m\text{번}} = \left(a^{\frac{1}{n}}\right)^m = (\sqrt[n]{a})^m = \sqrt[n]{a^m}$

연습 12-1 다음을 간단히 하여라.

(1) $25^{\frac{1}{2}}$

(2) $4^{-\frac{1}{2}}$

(3) $(-8)^{\frac{1}{3}}$

(4) $16^{\frac{3}{4}}$

12-2 지수법칙

- $a^n a^m = a^{n+m},\ \dfrac{a^n}{a^m} = a^{n-m},\ (a^n)^m = a^{nm},\ (ab)^n = a^n b^n$

연습 12-2 다음을 간단히 하여라.

(1) $3^{\frac{1}{2}} \times 3^{\frac{1}{3}}$

(2) $x^{\frac{1}{3}} \div x^{\frac{4}{3}}$

(3) $(3x^4)^{\frac{1}{2}}$

(4) $(2^{-4})^{-1.5}$

(5) $\dfrac{\sqrt[3]{a^4}}{\sqrt[6]{a}}$

(6) $\sqrt{a^3}\ \sqrt[3]{a^4}$

12-3 지수함수의 정의와 그래프

- $a>0$이고 $a \neq 1$일 때, 함수 $y=a^x$을 a를 밑으로 하는 x의 지수함수라 한다.
- 지수함수 $y=a^x$의 성질 :

  (1) 정의역은 실수 전체의 집합 R

  (2) 치역은 양의 실수 전체의 집합 R^+

  (3) $a>1$일 때, x의 값이 증가하면 y의 값도 증가. 즉, $x_1<x_2$이면 $a^{x_1}<a^{x_2}$이다.

  (4) $0<a<1$일 때, x의 값이 증가하면, y의 값은 감소. 즉, $x_1<x_2$이면 $a^{x_1}>a^{x_2}$이다.

  (5) $y=a^x$의 그래프와 $y=\left(\frac{1}{a}\right)^x$의 그래프는 y축에 대하여 대칭이다.
- 지수함수 $y=a^x$ 그래프 :

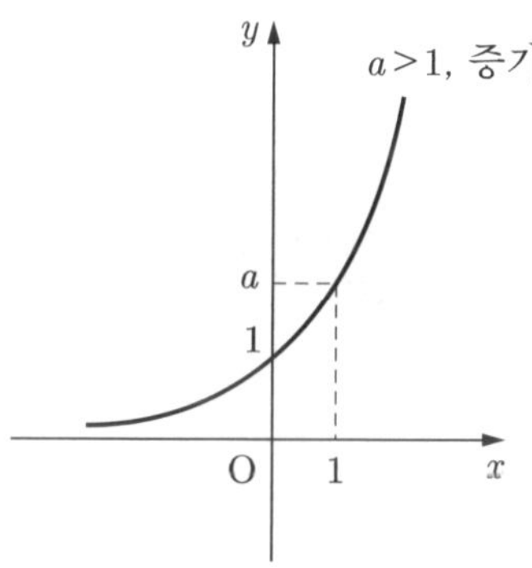

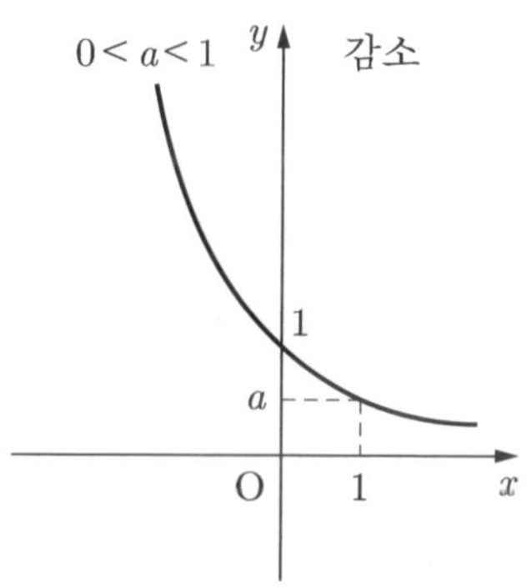

연습 12-3 다음 지수함수의 그래프를 그려라.

(1) $y=2^x$

(2) $y=0.5^x$

12-4 그래프의 평행이동과 대칭이동

- $y=a^x$의 그래프를 이동하면 다음과 같다.
  (1) x축으로 m만큼, y축으로 n만큼 평행이동 : $y-n=a^{x-m}$, 즉 $y=a^{x-m}+n$
  (2) x축 대칭이동 : $-y=a^x$, 즉 $y=-a^x$
  (3) y축 대칭이동 : $y=a^{-x}$, 즉 $y=\left(\frac{1}{a}\right)^x$
  (4) 원점 대칭이동 : $-y=a^{-x}$, 즉 $y=-\left(\frac{1}{a}\right)^x$

연습 12-4 $y=2^x$의 그래프를 아래의 변환에 의해 이동한 그래프의 관계식을 구하여라.

(1) x축으로 3만큼, y축으로 2만큼 평행이동

(2) x축으로 -2만큼, y축으로 3만큼 평행이동

(3) x축 대칭이동

(4) y축 대칭이동

12-5 지수방정식

- 지수에 미지수를 포함한 방정식을 지수방정식이라 하며, 푸는 방법은 다음 세 가지 유형이 있다.

  (1) 밑이 같은 경우 : $a > 0$, $a \neq 1$일 때,

  $$a^{f(x)} = a^{g(x)} \Leftrightarrow f(x) = g(x)$$

  (2) 밑이 다른 경우 : $a > 0$, $b > 0$, $a \neq 1$, $b \neq 1$일 때,

  $$a^{f(x)} = b^{g(x)} \Leftrightarrow f(x)\log a = g(x)\log b$$

  (3) a^x가 반복되는 경우 : $a^x = t(t > 0)$로 치환한다.

  $$A(a^x)^2 + B(a^x) + C = 0 \Leftrightarrow At^2 + Bt + C = 0$$

연습 12-5 다음 지수방정식을 풀어라.

(1) $(2^x)^2 = 32$

(2) $(3^x - 1)(3^x - 27) = 0$

(3) $2^{2x} - 5 \cdot 2^x + 4 = 0$

12-6 수의 과학 표기

- 과학 표기란 유효숫자를 나타내거나, 10진법으로 표시하기에 너무 크거나 작은 경우에 사용하는 표기법으로 $m \times 10^n$과 같이 나타낸다. 단, $1 \le |m| < 10$이고 n은 정수이며 유효숫자는 m에 표시한다. 예를 들어 384,400,000는 3.844×10^8로, -0.00000000223은 -2.23×10^{-9}로 나타낸다.
- 유효숫자는 오차의 범위를 정확하게 나타내기 위하여 사용하는데 측정값이나 계산 값의 의미 있는 숫자를 의미한다. 또한 유효숫자의 마지막 숫자는 반올림/버림 등으로 인한 불확실한 숫자를 뜻할 수 있다.

연습 12-6 다음을 계산하여라.

(1) $(3 \times 10^2) + (2 \times 10^4)$

(2) $(6 \times 10^3) - (3 \times 10^5)$

(3) $(3 \times 10^2) \times (2 \times 10^4)$

(4) $(6 \times 10^3) \div (3 \times 10^5)$

12-7 수의 공학 표기

- 공학 표기란 1000, 즉 10^3을 기준으로 단위가 달라지는 표현법으로 $m \times 10^n$과 같이 표시하며 n은 ± 3의 배수로만 한정하므로 $1 \le |m| < 1000$이 된다. 예를 들어 23456는 23.456×10^3이고 23456000×10^{-3}이다.
- 국제도량형총회(CGPM)는 10의 거듭제곱을 생략하기 위해 다음과 같은 일련의 접두어를 선정하였다. 이 접두어의 집합을 SI 접두어라고 한다. 예를 들어 23456m는 23.456×10^3m이고 10^3은 k(kilo)이므로 23456m는 23.456km임을 알 수 있다. 비슷하게 10^{-3}은 m(milli)이므로 23456m는 23456000mm이다.

접두어 명칭	기 호	10^n
테라(tera)	T	10^{12}
기가(giga)	G	10^9
메가(mega)	M	10^6
킬로(kilo)	k	10^3
밀리(milli)	m	10^{-3}
마이크로(micro)	μ	10^{-6}
나노(nano)	n	10^{-9}
피코(pico)	p	10^{-12}

연습 12-7 다음을 계산하여라.

(1) $(3 \times 10^6) \times (1.8 \times 10^3)$

(2) $(4.8 \times 10^{-3}) \div (1.2 \times 10^3)$

확인 문제를 풀어봅시다!

확인 12-1 다음을 간단히 하여라.

(1) $16^{\frac{1}{2}}$ (2) $25^{-\frac{1}{2}}$

(3) $(-27)^{\frac{1}{3}}$ (4) $64^{\frac{3}{4}}$

확인 12-2 다음을 간단히 하여라.

(1) $a^{\frac{1}{3}} \times a^{\frac{1}{6}}$ (2) $2^{\frac{1}{2}} \div 2^{\frac{1}{3}}$

(3) $(4a^6)^{\frac{1}{2}}$ (4) $(8^4)^{-1.5}$

(5) $\dfrac{\sqrt{a^3}}{\sqrt[3]{a^2}}$ (6) $\sqrt{4^3}\,\sqrt[3]{4^4}$

확인 12-3 다음 지수함수의 그래프를 그려라.

(1) $y=3^x$ (2) $y=2^{-x}$

확인 12-4 $y=\left(\dfrac{1}{2}\right)^x$의 그래프를 아래의 변환에 의해 이동한 그래프의 관계식을 구하여라.

(1) x축으로 3만큼, y축으로 2만큼 평행이동

(2) x축으로 -2만큼, y축으로 2만큼 평행이동

(3) x축 대칭이동

(4) y축 대칭이동

확인 12-5 다음 지수방정식을 풀어라.

(1) $(3^x)^2=27$

(2) $(2^x-1)(2^x-8)=0$

(3) $2^{2x}-12\cdot 2^x+32=0$

확인 12-6 다음을 계산하여라.

(1) $(2\times10^2)+(5\times10^5)$

(2) $(3\times10^4)-(7\times10^2)$

(3) $(2\times10^2)\times(6\times10^5)$

(4) $(6\times10^5)\div(2\times10^2)$

확인 12-7 다음을 계산하여라.

(1) $(5\times10^3)\times(2.2\times10^3)$

(2) $(48\times10^3)\div(24\times10^{-3})$

문제 12-1 다음 값을 구하여라.

(1) $\sqrt[5]{32}$

(2) $\sqrt[3]{-512}$

(3) $\sqrt[3]{0.027}$

(4) $\sqrt[3]{4}$

문제 12-2 다음 값을 구하여라.

(1) $\sqrt[4]{81}$

(2) $\sqrt[5]{27}$

(3) $\sqrt[6]{12}$

(4) $\sqrt[7]{35}$

문제 12-3 다음을 계산하여라.

(1) $\sqrt[4]{256}\sqrt{\sqrt[3]{64}}$

(2) $(\sqrt[4]{9}+\sqrt[4]{4})(\sqrt[4]{9}-\sqrt[4]{4})$

(3) $(\sqrt[3]{2}+\sqrt[3]{4})(\sqrt[3]{4}-\sqrt[3]{8}+\sqrt[3]{16})$

문제 12-4 다음 값을 구하여라.

(1) $2^{\frac{3}{4}}$

(2) $3^{0.8}$

(3) $7^{-\frac{3}{2}}$

(4) $8^{-1.2}$

문제 12-5 다음을 계산하여라.

(1) $\sqrt[3]{2^4}\times 2^{\frac{2}{3}}\div\sqrt[4]{2^7}$

(2) $12^{\frac{1}{3}}\times\sqrt[3]{9}\times 4^{-\frac{2}{3}}$

(3) $\sqrt{2\sqrt[3]{4}}\times\dfrac{\sqrt[3]{2}}{\sqrt[3]{16}}\div\sqrt{2\sqrt{2\sqrt{2}}}$

문제 12-6 다음을 계산하여라.

(1) $2^{\sqrt{2}} \times 4^{\sqrt{2}}$
(2) $(\sqrt{3})^{3\sqrt{2}} \div 3^{\sqrt{2}}$
(3) $(4^{\sqrt{5}-2})^{\sqrt{5}+2}$

문제 12-7 다음 수들의 대소를 비교하여라.

(1) 2^{30}, 3^{20}
(2) $\sqrt[4]{10}$, $\sqrt[3]{5}$
(3) $\sqrt{2}$, $\sqrt[3]{3}$, $\sqrt[6]{6}$

문제 12-8 다음 값을 구하여라.

(1) $e^{2.71}$
(2) $e^{-2.34}$
(3) $1.23(e^{3.21} - e^{2.85})$

문제 12-9 다음 방정식을 풀어라.

(1) $2^{x-2} = \dfrac{1}{16}$
(2) $9^x = 27\sqrt{3}$
(3) $\left(\dfrac{1}{9}\right)^{x-2} = 243$

문제 12-10 방정식 $4^x - 3 \cdot 2^x + 2 = 0$의 하나의 해를 구하여라.

문제 12-11 다음을 계산하여라.

(1) $8.32 \times 10^{-2} - 5.46 \times 10^{-2}$
(2) $4.263 \times 10^2 + 5.25 \times 10^3$
(3) $(5.23 \times 10^{-2}) \times (3.17 \times 10^5)$
(4) $\dfrac{(2.24 \times 10^2) \times (5.3 \times 10^{-2})}{6.7 \times 10^4}$

문제 12-12 다음을 계산하여라.

(1) $(4.1357\times10^{-15})\times(54.2\times10^{9})$

(2) $16.95\times10^{3}\div13.95\times10^{6}$

(3) $(6.97\times10^{3})\times(2.34\times10^{-6})+3.2\times10^{-3}$

(4) $\dfrac{5.16\times10^{-3}}{8.65\times10^{-6}+9.68\times10^{3}}$

13 로그와 로그함수

CHAPTER

학습 목표

(1) 로그의 의미를 설명할 수 있다.
(2) 로그를 포함한 식의 계산을 할 수 있다.
(3) 로그함수의 그래프를 그릴 수 있다.

13-1 로그의 정의 (1)

- 지수함수 $y=a^x$를 $x=\log_a y$로 나타낼 수 있다. 이때, $\log_a y$를 밑이 a이고 진수가 y인 로그라고 한다. 단 a는 1이 아닌 양수이며 y는 양수이다.

연습 13-1 다음 지수의 식을 로그의 식으로 표현하여라.

(1) $2^3=8$

(2) $3^0=1$

(3) $10^2=100$

(4) $2^{-5}=\frac{1}{32}$

(5) $8^{\frac{1}{3}}=2$

(6) $2^{-\frac{1}{2}}=\frac{1}{\sqrt{2}}$

13-2 로그의 정의 (2)

- a는 1이 아닌 양수, y는 양수일 때,

$$\log_a y=x \Leftrightarrow y=a^x$$

연습 13-2 다음 로그의 식을 지수의 식으로 표현하여라.

(1) $\log_2 8=3$

(2) $\log_3 1=0$

(3) $\log_2\left(\frac{1}{16}\right)=-4$

(4) $\log_{10}10000=4$

(5) $\log_{10}0.000001=-6$

(6) $\log_2\sqrt{8}=\frac{3}{2}$

13-3 로그의 성질 (1)

- $a>0,\ a\neq 1,\ y>0$일 때,
  (1) $\log_a 1=0,\ \log_a a=1$
  (2) $\log_a a^x=x,\ a^{\log_a y}=y$

연습 13-3 다음을 간단히 하여라.

(1) $\log_2 1$

(2) $\log_5 1$

(3) $\log_3 3$

(4) $\log_{\frac{1}{3}}\frac{1}{3}$

(5) $\log_3 27$

(6) $3^{\log_3 25}$

13-4 로그의 성질 (2)

• $a>0$, $a\neq 1$, $M>0$, $N>0$이고 k는 임의의 실수일 때,

(1) $\log_a MN=\log_a M+\log_a N$

(2) $\log_a \dfrac{M}{N} = \log_a M-\log_a N$

(3) $\log_a M^k=k\log_a M$, $\log_a \dfrac{1}{M} =-\log_a M$

(4) $\log_{a^k} M=\dfrac{1}{k}\log_a M$, $\log_{\frac{1}{a}} M=-\log_a M$ $(k\neq 0)$

(5) $\log_{a^k} M^l=\dfrac{l}{k}\log_a M$ (l은 임의의 실수)

연습 13-4 다음을 계산하여라.

(1) $\log_2 4+\log_2 8$

(2) $\log_2 128-\log_2 32$

(3) $\log_4 \dfrac{1}{4}+\log_4 \sqrt{4^3}$

(4) $2\log_{10}3+3\log_{10}2-2\log_{10}6$

(5) $\log_2 8+\log_4 8$

13-5 밑 변환 공식

$a>0,\ a\neq 1,\ b>0,\ b\neq 1,\ M>0$일 때,

(1) $\log_a M=\dfrac{\log_b M}{\log_b a}$

(2) $\log_a M=\dfrac{1}{\log_M a}$ $(M\neq 1)$

연습 13-5 다음을 계산하여라.

(1) $\dfrac{\log_2 25}{\log_2 5}$

(2) $\log_2 3\cdot\log_3 2$

(3) $\dfrac{1}{\log_4 2}+\log_2 8$

13-6 상용로그

- 밑이 10인 로그를 상용로그라고 하며 진수가 N일 때의 상용로그를 $\log N$으로 표시한다.
- $\log N = n + \alpha (0 \le \alpha < 1)$에서 정수 부분인 n을 $\log N$의 지표, 소수 부분인 α를 $\log N$의 가수라고 부른다.
- $10^n \le N < 10^{n+1} \Leftrightarrow n \le \log N < n+1$이다. 즉 $\log N$의 지표가 n일 때,
  (1) $n \ge 0$이면 N의 정수 부분은 $n+1$자리의 수이다.
  (2) $n < 0$이면 N은 소수점 이하 $-n$자리에서 0이 아닌 숫자가 처음으로 나타난다.
  (예) $\log 1000 = \log 10^3 = 3$, $\log 0.0001 = \log 10^{-4} = -4$

연습 13-6 다음을 풀어라.

(1) $\log A = 4.2$일 때, A의 정수 부분은 몇 자리의 수인가?

(2) $\log B = 17.32$일 때, B의 정수 부분은 몇 자리의 수인가?

(3) $\log C = 0.75$일 때, C의 정수 부분은 몇 자리의 수인가?

(4) $\log D = -4.6$일 때, D는 소수점 이하 몇 번째 자리에서 처음으로 0이 아닌 숫자가 나타나는가?

13-7 로그함수의 정의와 그래프

• 지수함수 $y=a^x\,(a>0,\ a\neq 1)$는 $x=\log_a y$이며 이의 역함수는 $y=\log_a x\,(a>0,\ a\neq 1)$이 된다. 이 함수 $y=\log_a x\,(a>0,\ a\neq 1)$를 a를 밑으로 하는 로그함수라 한다.

• 로그함수 $y=\log_a x\ (a>0,\ a\neq 1)$ 의 성질 :

(1) 정의역은 양의 실수 전체의 집합 R^+

(2) 치역은 실수 전체의 집합 R

(3) $a>1$ 일 때, x의 값이 증가하면 y값도 증가한다.
즉, $x_1<x_2$ 이면 $\log_a x_1<\log_a x_2$ 이다.

(4) $0<a<1$ 일 때, x의 값이 증가하면 y값은 감소한다.
즉, $x_1<x_2$ 이면 $\log_a x_1>\log_a x_2$ 이다.

(5) $y=a^x$과 직선 $y=x$에 대해 대칭(역함수)이다.

• 로그함수 $y=\log_a x$의 그래프 :

$a>1$, 증가

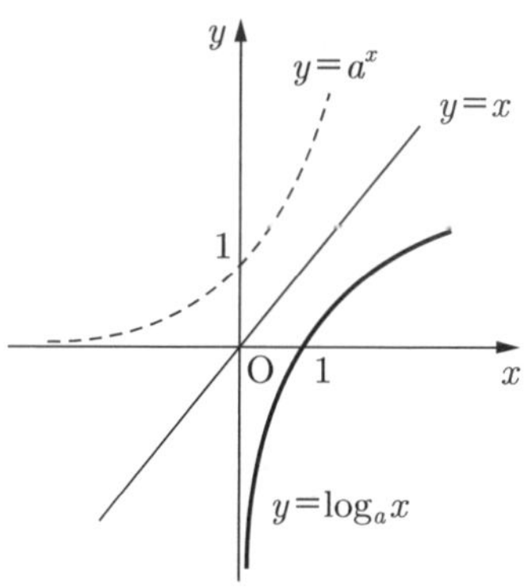

$0<a<1$, 감소

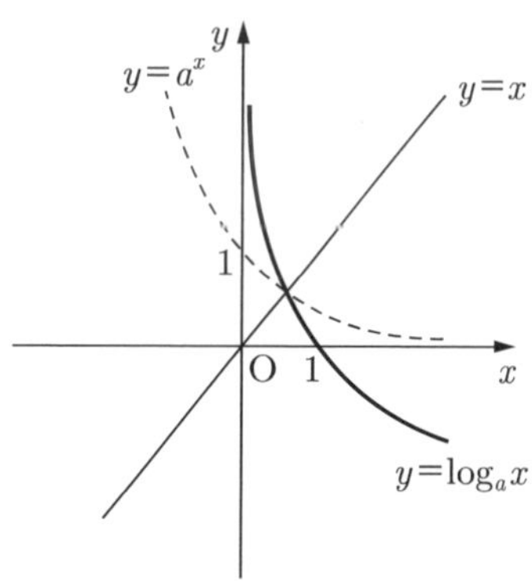

연습 13-7 $y=\log_2 x$의 그래프를 다음의 변환에 의해 이동한 그래프의 식을 구하여라.

(1) x축으로 2만큼, y축으로 -3만큼 평행이동

(2) y축 대칭이동

(3) $y=x$에 대해 대칭이동

13-8 로그 방정식

- 로그에 미지수를 포함한 방정식을 로그방정식이라고 하며 푸는 방법은 다음 세 가지 유형이 있다.

  (1) 밑이 같은 경우 : $a>0,\ a\neq 1$일 때,

  $\log_a f(x)=\log_a g(x) \iff f(x)=g(x)$ (단, $f(x)>0$이고 $g(x)>0$)

  (2) 지수에 미지수가 있는 경우 : $a>0,\ b>0,\ a\neq 1,\ b\neq 1$일 때,

  $a^{f(x)}=b^{g(x)} \iff f(x)\log a=g(x)\log b$

  (3) $\log_a x$가 반복되는 경우 : $\log_a x=t$로 치환한다.

  $A(\log_a x)^2+B\log_a x+C=0 \iff At^2+Bt+C=0$

연습 13-8 다음 방정식을 풀어라.

(1) $\log_3(2x-4)=\log_3(x+5)$

(2) $2^{2x-1}=5$

(3) $(\log_3 x)^2=2\log_3 x$

확인 문제를 풀어봅시다!

확인 13-1 다음 지수의 식을 로그의 식으로 표현하여라.

(1) $3^4 = 81$

(2) $5^0 = 1$

(3) $10^5 = 100000$

(4) $4^{-3} = \frac{1}{64}$

(5) $81^{\frac{1}{4}} = 3$

(6) $2^{-\frac{1}{3}} = \frac{1}{\sqrt[3]{2}}$

확인 13-2 다음 로그의 식을 지수의 식으로 표현하여라.

(1) $\log_3 81 = 4$

(2) $\log_7 1 = 0$

(3) $\log_3\left(\frac{1}{9}\right) = -2$

(4) $\log_{10} 1000000 = 6$

(5) $\log_{10} 0.00001 = -5$

(6) $\log_3 \sqrt{27} = \frac{3}{2}$

확인 13-3 다음을 간단히 하여라.

(1) $\log_4 1$

(2) $\log_7 1$

(3) $\log_6 6$

(4) $\log_{\frac{1}{5}} \frac{1}{5}$

(5) $\log_2 32$

(6) $4^{\log_4 12}$

확인 13-4 다음을 계산하여라.

(1) $\log_3 9 + \log_3 27$

(2) $\log_2 64 - \log_2 8$

(3) $\log_2 \frac{1}{2} + \log_2 \sqrt{2^3}$

(4) $3\log_{10} 2 + 2\log_{10} 3 - 2\log_{10} 6$

(5) $\log_2 5 + \log_4 25$

확인 13-5 다음을 계산하여라.

(1) $\dfrac{\log_3 8}{\log_3 2}$

(2) $\log_5 10 \cdot \log_{10} 5$

(3) $\log_2 8 - \dfrac{1}{\log_4 2}$

확인 13-6 다음을 구하여라.

(1) $\log A = 7.99$일 때, A의 정수 부분은 몇 자리의 수인가?

(2) $\log B = 12.48$일 때, B의 정수 부분은 몇 자리의 수인가?

(3) $\log C = 0.99$일 때, C의 정수 부분은 몇 자리의 수인가?

(4) $\log D = -12.48$일 때, D는 소수점 이하 몇 번째 자리에서 처음으로 0이 아닌 숫자가 나타나는가?

확인 13-7 $y = \log_{\frac{1}{2}} x$의 그래프를 다음의 변환에 의해 이동한 그래프의 식을 구하여라.

(1) x축으로 -2만큼, y축으로 3만큼 평행이동

(2) x축 대칭이동

(3) $y = x$에 대해 대칭이동

확인 13-8 다음 방정식을 풀어라.

(1) $\log_3 x = -4$

(2) $\log_2(3x-5) = \log_2(2x+4)$

(3) $3^{x-1} = 6$

(4) $(\log_2 x)^2 = 2\log_2 x$

계산기 활용 문제

문제 13-1 다음 값을 구하여라.

(1) $\log_2 64$

(2) $\log_{\frac{1}{3}} 27$

(3) $\log_7 \frac{1}{16807}$

문제 13-2 다음 값을 구하여라.

(1) $\log 0.001$

(2) $\log 30$

(3) $\log 450$

문제 13-3 밑이 e인 로그 $\log_e x$를 $\ln x$로 쓴다. 다음 값을 구하여라.

(1) $\ln e^{1.5}$

(2) $\ln e^3$

(3) $\ln 3.14$

(4) $\ln 0.178$

문제 13-4 다음을 계산하여라.

(1) $\log_2 64 - \log_2 128 + \log_2 32$

(2) $\log_2 \frac{2}{3} - \log_2 \frac{4}{3} + \log_2 32$

(3) $\dfrac{\log 25 - \log 125 + \frac{1}{4}\log 625}{3\log 5}$

(4) $\log_2(1+\sqrt{2}+\sqrt{3}) + \log_2(1+\sqrt{2}-\sqrt{3})$

(5) $\log_2(1-\sqrt{2}+\sqrt{3}) + \log_2(1+\sqrt{2}+\sqrt{3})$

(6) $\log_7 7 + \log_5 1 + 3^{\log_3 12}$

(7) $\log_7 \frac{1}{7} + \log_5 25 + 4^{\log_4 16}$

(8) $\ln\left(\dfrac{e^3 - e^{-3}}{2}\right) + \ln\left(\dfrac{e^3 + e^{-3}}{2}\right)$

문제 13-5 다음을 계산하여라.

(1) $(\log_2 3+\log_4 9)(\log_3 2+\log_9 4)$

(2) $(\log_2 18+2\log_4 7)\log_{126} 8$

(3) $3\log_{27} 70-\log_3 231-4\log_3 5-2\log_9 22+4\log_3 55$

문제 13-6 다음을 풀어라.

(1) $x=\sqrt{10}+\sqrt{2}$, $y=\sqrt{10}-\sqrt{2}$ 일 때, $\log_{64}(x^2+xy+y^2)$의 값을 구하여라.

(2) $a=\log_2 3$, $b=\log_3 4$, $c=\log_4 2$일 때, $\dfrac{a}{ab+a+1}+\dfrac{b}{bc+b+1}+\dfrac{c}{ca+c+1}$의 값을 구하여라.

문제 13-7 다음 수의 정수 부분의 자리수를 구하여라.

(1) 5^{100}

(2) 1.25^{100}

(3) 45^{25}

문제 13-8 다음 수는 소수점 이하 몇 번째 자리에서 처음으로 0이 아닌 숫자가 나타나는가?

(1) $\left(\dfrac{1}{2}\right)^{30}$

(2) 5^{-40}

(3) $\left(\dfrac{\sqrt{2}}{2}\right)^{30}$

문제 13-9 다음 방정식을 풀어라.

(1) $\log_3 x=-4$

(2) $\log_2(3x+5)=\log_2(2x+4)$

(3) $3^{x-1}=6$

(4) $(\log_2 x)^2=2\log_2 x$

문제 13-10 다음 방정식을 풀어라.

(1) $\log_3(x+2)=12$

(2) $\log_2(3x-4)=\dfrac{3}{4}$

(3) $2.83\ln\left(\dfrac{1.28}{x}\right)=1.25$

(4) $3.23\ln\left(\dfrac{x}{1.28}\right)=3.28$

(5) $\ln\left(\dfrac{x}{3.43}\right)=4.53$

(6) $\ln(x+3)=1+\ln x$

14 삼각함수

CHAPTER

학습 목표

(1) 호도법의 각과 60분법의 각을 서로 바꿀 수 있다.
(2) 부채꼴의 호의 길이와 넓이를 구할 수 있다.
(3) 주어진 각의 삼각함수의 값을 구할 수 있다.

14-1 60분법

• 60분법의 단위는 도(°)이며, 원의 둘레를 360등분할 때 그 한 호에 대한 중심각의 크기를 1도로 정한 것이다.

• 한 바퀴 도는 각의 크기는 360°이고, 평각의 크기는 180°이며 직각은 90°이다.

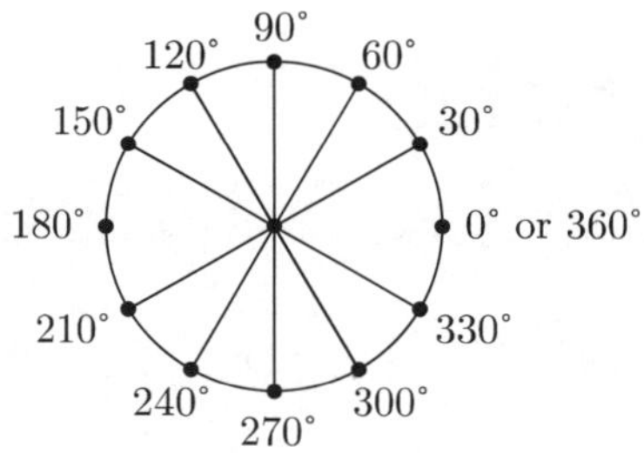

연습 14-1 다음 각도를 구하여라.

(1) 평각의 $\frac{1}{2}$배

(2) 직각의 $\frac{1}{3}$배

(3) 평각의 $\frac{5}{6}$배

(4) 직각의 3배

14-2 호도법

- 호도법이란 부채꼴에서 반지름에 대한 호의 길이의 비로 각의 크기를 나타내는 것으로 단위는 라디안(rad)이다.
- 부채꼴에서 반지름이 r이고 호의 길이가 l인 부채꼴의 중심각의 크기는 $\theta = \frac{l}{r}$ 라디안이다.

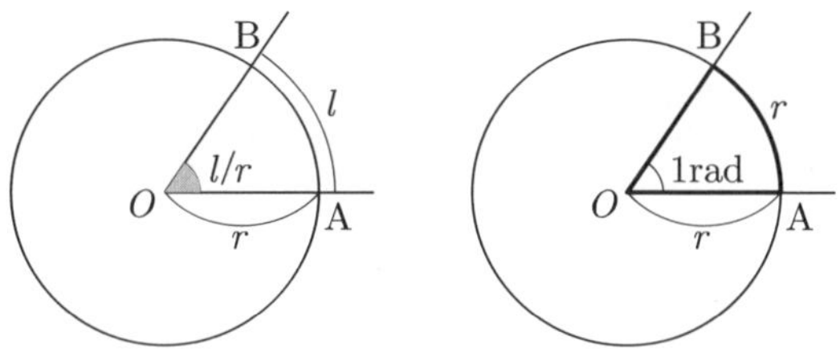

- 반지름이 1이고, 호의 길이도 1인 부채꼴의 각도는 1라디안이며 약 $57°$이다. 반지름이 1인 원의 둘레의 길이가 2π이므로 $360° = 2\pi$라디안이고 $180° = \pi$이다.

도	30	45	60	90	120	135	150	180
라디안	$\frac{\pi}{6}$	$\frac{\pi}{4}$	$\frac{\pi}{3}$	$\frac{\pi}{2}$	$\frac{2\pi}{3}$	$\frac{3\pi}{4}$	$\frac{5\pi}{6}$	π

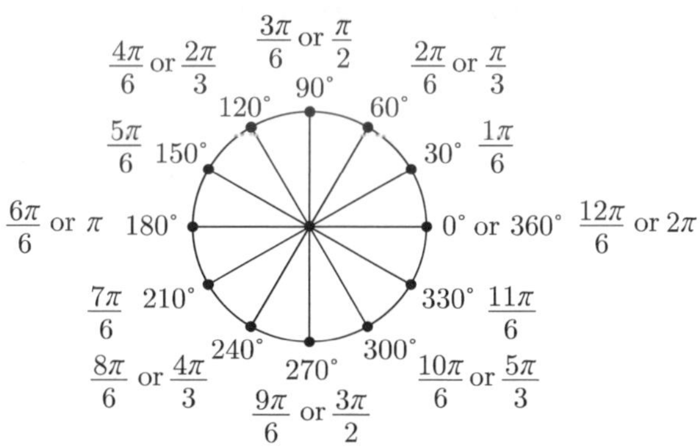

연습 14-2 도(°)로 표시된 각도는 라디안으로, 라디안으로 표시된 각도 도(°)로 바꾸어라.

(1) $50°$ (2) $130°$

(3) $\frac{3}{5}\pi$ (4) 3π

14-3 일반각의 표시

- 움직이는 축 $\overrightarrow{OP}$가 기준선인 x축 $\overrightarrow{OX}$에서 시작하여 원점 O를 중심으로 움직일 때, 반시계 방향이면 양(+)의 방향, 시계방향이면 음(−)의 방향으로 움직인다고 한다.
- $\angle POX$가 θ라 하면 $\overrightarrow{OP}$와 $\overrightarrow{OX}$가 이루는 각의 크기는 $360° \times n + \theta$ 또는 $2\pi n + \theta$이다. 여기서 n은 정수이며 $\overrightarrow{OP}$가 $\pm 360°$, $\pm 2\pi$만큼 회전한 회수이다.

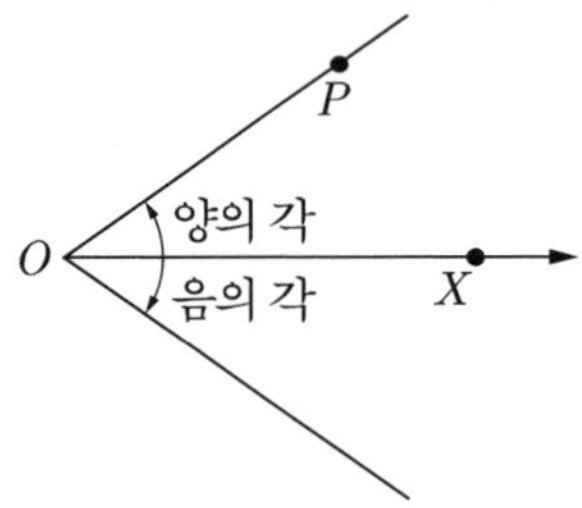

- 축 $\overrightarrow{OP}$의 위치에 따라 제1사분면의 각, 제2사분면의 각, 제3사분면의 각, 제4사분면의 각이라고 부른다.

연습 14-3 다음 각은 몇 사분면의 각인가?

(1) $\frac{19}{6}\pi$　　　　(2) $-320°$

14-4 삼각함수의 정의

- 반지름이 r인 원 위의 점 $P(x,\ y)$와 원점을 잇는 동경이 이루는 각 θ에 대하여 sin, cos, tan를 각각 $\sin\theta = \frac{y}{r}$, $\cos\theta = \frac{x}{r}$, $\tan\theta = \frac{y}{x}$로 정의한다.

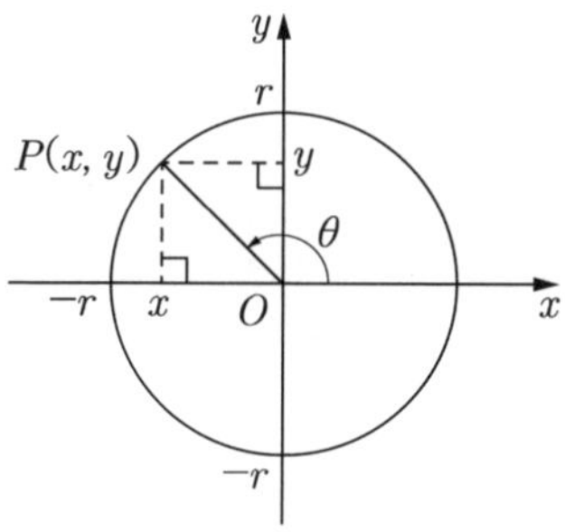

- 특수각의 삼각함수

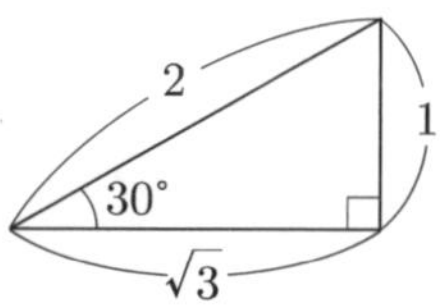

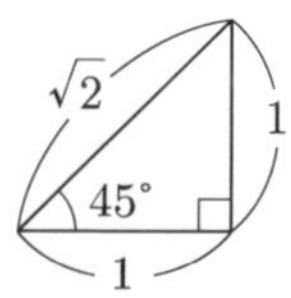

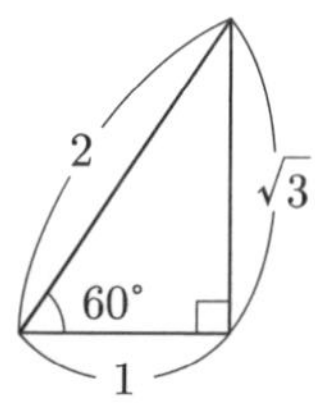

삼각함수 \ θ	$0°$	$30°$	$45°$	$60°$	$90°$
$\sin\theta$	0	$\frac{1}{2}$	$\frac{\sqrt{2}}{2}$	$\frac{\sqrt{3}}{2}$	1
$\cos\theta$	1	$\frac{\sqrt{3}}{2}$	$\frac{\sqrt{2}}{2}$	$\frac{1}{2}$	0
$\tan\theta$	0	$\frac{\sqrt{3}}{3}$	1	$\sqrt{3}$	없음 (∞)

연습 14-4 다음을 구하여라.

(1) $\sin 120°$

(2) $\cos\frac{5\pi}{6}$

(3) $\tan 225°$

14-5 삼각함수의 부호

사분면	좌표부호 (x, y)	$\sin\theta = \frac{y}{r}$	$\cos\theta = \frac{x}{r}$	$\tan\theta = \frac{y}{x}$
제1사분면	$(+, +)$	$+$	$+$	$+$
제2사분면	$(-, +)$	$+$	$-$	$-$
제3사분면	$(-, -)$	$-$	$-$	$+$
제4사분면	$(+, -)$	$-$	$+$	$-$

연습 14-5 다음 삼각함수의 값의 부호를 결정하여라.

(1) $\sin\frac{19\pi}{6}$

(2) $\cos(-520°)$

(3) $\tan\frac{7\pi}{3}$

14-6 삼각함수의 기본 공식

- $\tan\theta = \frac{\sin\theta}{\cos\theta}$
- $\sin^2\theta + \cos^2\theta = 1$
- $1 + \tan^2\theta = \frac{1}{\cos^2\theta}$

연습 14-6 다음을 증명하여라.

(1) $(\sin\theta + \cos\theta)^2 = 1 + 2\sin\theta\cos\theta$

(2) $(\sin\theta + \cos\theta)(\sin\theta - \cos\theta) = 1 - 2\cos^2\theta$

14-7 일반각의 삼각함수의 값

- 일반각의 삼각함수의 값을 구하는 경우

 (1) 주어진 일반각을 $90°n\pm\theta$ 또는 $\frac{\pi}{2}n\pm\theta$ 꼴로 변형한다.

 (2) n 이 짝수이면 구하는 삼각함수는 그대로, n 이 홀수이면 $\sin\Leftrightarrow\cos$, $\cos\Leftrightarrow\sin$, $\tan\Leftrightarrow\frac{1}{\tan}$ 로 바꾼다.

- 각 θ의 삼각함수 값을 구한 뒤 부호는 원래 일반각이 놓인 사분면의 위치에 따라 정한다.

연습 14-7 다음을 구하여라.

(1) $\cos 120°$

(2) $\sin\frac{5\pi}{6}$

(3) $\tan 315°$

확인 문제를 풀어봅시다!

확인 14-1 다음 각도를 구하여라.

(1) 평각의 $\frac{1}{4}$배

(3) 평각의 $\frac{2}{3}$배

(2) 직각의 $\frac{3}{2}$배

(4) 직각의 $\frac{1}{2}$배

확인 14-2 도(°)로 표시된 각도는 라디안으로, 라디안으로 표시된 각도는 도(°)로 바꾸시오.

(1) $40°$

(2) $150°$

(3) $\frac{5}{3}\pi$

(4) 4π

확인 14-3 다음 각은 몇 사분면의 각인가?

(1) $120°$

(2) $-120°$

(3) $420°$

(4) $-420°$

확인 14-4 다음 각은 몇 사분면의 각인가?

(1) $\frac{8}{3}\pi$

(2) $-\frac{8}{3}\pi$

(4) $\frac{11}{6}\pi$

(4) $-\frac{11}{6}\pi$

확인 14-5 다음을 구하여라.

(1) $\cos 120°$

(2) $\sin\frac{5\pi}{6}$

(3) $\tan 135°$

(4) $\frac{1}{\tan 225°}$

확인 14-6 다음 삼각함수의 값의 부호를 결정하여라.

(1) $\cos\frac{19\pi}{6}$

(2) $\sin(-420°)$

(3) $\tan\frac{11\pi}{6}$

확인 14-7 다음을 증명하여라.

(1) $(\sin\theta-\cos\theta)^2=1-2\sin\theta\cos\theta$

(2) $\frac{\cos\theta}{1+\sin\theta}+\frac{1+\sin\theta}{\cos\theta}=\frac{2}{\cos\theta}$

확인 14-8 다음을 구하여라.

(1) $\cos150°$

(2) $\sin\frac{7\pi}{3}$

(3) $\tan150°$

문제 14-1 다음 60분법의 각은 호도법으로, 호도법의 각은 60분법으로 전환하여라.

(1) $48°$ (2) $525°$

(3) $-820°$ (4) $\frac{5\pi}{12}$

(5) $\frac{4\pi}{1.2}$ (6) $\frac{1}{2}$

문제 14-2 다음을 구하여라. 단, 각도의 단위는 도이다.

(1) $\sin(120)$ (2) $\cos(-225)$

(3) $\tan(-210)$

문제 14-3 다음을 구하여라.

(1) $\cos 390°$ (2) $\sin 870°$

(3) $\tan 585°$ (4) $\tan(-1185°)$

문제 14-4 다음 삼각함수의 값을 구하여라. 단, 각도의 단위는 라디안이다.

(1) $\sin\frac{11}{6}\pi$ (2) $\cos\left(-\frac{9}{4}\pi\right)$

(3) $\tan\frac{17}{4}\pi$

문제 14-5 다음 라디안으로 주어진 각도 θ에 대하여 $\sin\theta$, $\cos\theta$, $\tan\theta$의 부호를 말하여라.

(1) $\theta=\frac{5\pi}{3}$ (2) $\theta=-\frac{13}{5}\pi$

문제 14-6 다음을 계산하여라. 단, 각도의 단위는 도이다.

(1) $\sin(30)\cos(45)+\tan(30)\sin(60)$

(2) $\sin(15)+\sin(75)+\cos(75)$

문제 14-7 다음 삼각함수의 값을 구하여라.

(1) $\sin 15°$　　(2) $\cos 15°$

(3) $\tan 15°$

문제 14-8 다음 식의 값을 구하여라.

(1) $\sin 15° \times \cos 75°$　　(2) $\cos 15° \times \sin 75°$

(3) $\sin 80° - \sin 100°$　　(4) $\cos 20° - \cos 40° - \cos 80°$

문제 14-9 다음 식의 값을 구하여라.

(1) $\sin 10° \sin 50° \sin 70°$　　(2) $\cos 55° + \cos 65° + \cos 175°$

문제 14-10 다음을 계산하여라.

(1) $\cos 1770° \cdot \tan 1110° - \sin(1560°) \cdot \dfrac{1}{\tan(495°)}$

(2) $\dfrac{\sin 510° - \cos 480°}{\sin 120° - \cos 150°}$

(3) $\cot 10° + \tan 190° + \tan 100° + \tan 350°$(단, $\cot A = \dfrac{1}{\tan A}$ 임을 이용하여 $\cot 10° = \dfrac{1}{\tan 10°}$ 로 입력)

문제 14-11 다음을 구하여라. 단, 각의 단위는 도이다.

(1) $\sin^{-1}\left(\dfrac{1}{2}\right)$　　(2) $\sin^{-1}\left(-\dfrac{1}{2}\right)$

(3) $\cos^{-1}\left(\frac{1}{2}\right)$

(4) $\cos^{-1}\left(-\frac{\sqrt{2}}{2}\right)$

(5) $\tan^{-1}(\sqrt{3})$

(6) $\tan^{-1}(-1)$

문제 14-12 다음을 계산하여라. 단, 각도의 단위는 도이다.

(1) $\sin^{-1}(0.7)+\cos^{-1}(0.4)$

(2) $1+\tan^{-1}(1.5)$

(3) $\sin^{-1}(0.2)+\cos^{-1}(0.8)+\tan^{-1}(0.5)$

연습문제 풀이

1-1 유리수 : $3.7,\ -5,\ \dfrac{7}{3},\ 0,\ -\dfrac{3}{4}$ 무리수 : $\pi,\ \sqrt{2},\ -\dfrac{\pi}{2}$

1-2 (1) $|-12| = 12$ (2) $|-6| = 6$

(3) $-|12| = -12$ (4) $-|-1.5| = -1.5$

1-3 (1) $2 \div 3 + 5 \div 3 - 7 \div 3 = \dfrac{2}{3} + \dfrac{5}{3} - \dfrac{7}{3} = \dfrac{7}{3} - \dfrac{7}{3} = 0$

(2) $\dfrac{1}{2} + \dfrac{3}{4} = \dfrac{2}{4} + \dfrac{3}{4} = \dfrac{5}{4}$ (3) $\dfrac{9}{4} \times \dfrac{2}{3} = \dfrac{3}{2} \times \dfrac{1}{1} = \dfrac{3}{2}$

(4) $\left(-\dfrac{7}{3}\right) \div \left(-\dfrac{3}{2}\right) = \left(-\dfrac{7}{3}\right) \times \left(-\dfrac{2}{3}\right) = \dfrac{14}{9}$

1-4 (1) $\dfrac{\frac{1}{3}}{\frac{5}{7}} = \dfrac{1}{3} \div \dfrac{5}{7} = \dfrac{1}{3} \times \dfrac{7}{5} = \dfrac{17}{15}$ (2) $\dfrac{1}{\frac{2}{3}} = 1 \div \dfrac{2}{3} = 1 \times \dfrac{3}{2} = \dfrac{3}{2}$

1-5 (1) $\dfrac{13}{6} = \dfrac{6 \times 2 + 1}{6} = 2 + \dfrac{1}{6} = 2\dfrac{1}{6}$ (2) $\dfrac{28}{5} = \dfrac{5 \times 5 + 3}{5} = 5 + \dfrac{3}{5} = 5\dfrac{3}{5}$

1-6 (1) $5 + 3 - 2 = 8 - 2 = 6$

(2) $-10 + 4 - (5 - 2) = -10 + 4 - 3 = -6 - 3 = -9$

(3) $12 + 6 \div 3 \times 2 = 12 + 2 \times 2 = 12 + 4 = 16$

(4) $2 \times \{(6-2) \div 2 + 3\} = 2 \times \{4 \div 2 + 3\} = 2 \times \{2 + 3\} = 2 \times 5 = 10$

1-7 (1) $\sqrt{4} = \sqrt{2^2} = 2$ (2) $\sqrt{(-5)^2} = \sqrt{5^2} = 5$

(3) $\sqrt{144} = \sqrt{12^2} = 12$ (4) $\sqrt{0.01} = \sqrt{0.1^2} = 0.1$

1-8 (1) $\sqrt{3} \times \sqrt{12} = \sqrt{36} = 6$ (2) $\sqrt{20} \div \sqrt{5} = \sqrt{4} = 2$

(3) $\sqrt{3}(\sqrt{3} - \sqrt{12}) = \sqrt{9} - \sqrt{36} = 3 - 6 = -3$

(4) $\sqrt{18} + \sqrt{32} - \sqrt{50} = \sqrt{9 \times 2} + \sqrt{16 \times 2} - \sqrt{25 \times 2} = 3\sqrt{2} + 4\sqrt{2} - 5\sqrt{2} = 2\sqrt{2}$

1-9 (1) $2 - 5 = -3 < 0$이므로 $2 < 5$

(2) $-2 - (-5) = 3 > 0$이므로 $-2 > -5$

(3) $\pi - 3 = 0.14 \cdots > 0$이므로 $\pi > 3$

(4) $\sqrt{8} - 2\sqrt{3} = \sqrt{8} - \sqrt{12} = -0.635 \cdots < 0$이므로 $\sqrt{8} < 2\sqrt{3}$

2-1 (1) $-(-2)^2=-4$ (2) $-(-2)^3=-(-8)=8$

(3) $4^{-2}=\dfrac{1}{4^2}=\dfrac{1}{16}$ (4) $3^{-4}=\dfrac{1}{3^4}=\dfrac{1}{81}$

(5) $\pi^0=1$ (6) $2017^0=1$

2-2 (1) $3^4\times3^7=3^{4+7}=3^{11}$ (2) $x^6\div x^2=x^{6-2}=x^4$

(3) $(3x^4)^2=3^2x^8$ (4) $\left(\dfrac{3}{2}\right)^{-2}=\left(\dfrac{2}{3}\right)^2=\dfrac{2^2}{3^2}$

2-3 (1) $a^3\times a^2b^4\div ab\times b^2=a^5b^4\div ab^3=a^4b$, a에 대한 4차식, b에 대한 1차식

(2) $x^6y^2\div8x^2y\times5x^4y^4\div2x^5=\dfrac{x^6y^2}{8x^2y}\times\dfrac{5x^4y^4}{2x^5}=\dfrac{x^4y}{8}\times\dfrac{5y^4}{2x}=\dfrac{5}{16}x^3y^5$,

x에 대한 3차식, y에 대한 5차식

2-4 (1) $x(2x+3y-4)=2x^2+3xy-4x$

(2) $3x^2y^3-3x^3y^2+5x^2y^3+7x^3y^2=3x^2y^3+5x^2y^3-3x^3y^2+7x^3y^2$

$=8x^2y^3+4x^3y^2$

2-5 (1) $(2a^2b)^3\times(-3a^3b^2)^2=(8a^6b^3)\times(9a^6b^4)=72a^{12}b^7$

(2) $16x^3\div x\div(2x)^3=16x^3\times\dfrac{1}{x}\times\dfrac{1}{(2x)^3}=16x^3\times\dfrac{1}{x}\times\dfrac{1}{8x^3}=\dfrac{2}{x}$

(3) $(5\times a\times a\times b+3\times a\times b\times b)-4(a^2b+ab^2)=(5a^2b+3ab^2)-4a^2b-4ab^2$

$=a^2b-ab^2$

(4) $4(x^2-x+7)-2(2x^2-4x-3)=4x^2-4x+28-4x^2+8x+6=4x+34$

2-6 (1) $(x+2)^2=x^2+4x+4$

(2) $(x-3)^2=x^2-6x+9$

(3) $(t+5)(t-5)=t^2-25$

(4) $(2s-1)(3s+2)=6s^2+(4-3)s-2=6s^2+s-2$

2-7 (1) $(x+1)^3=x^3+3x^2+3x+1$

(2) $(a+2)(a^2-2a+4)=a^3+8$

2-8 (1) $\sqrt{5+2\sqrt{6}}=\sqrt{(3+2)+2\sqrt{3\times2}}=\sqrt{3}+\sqrt{2}$

(2) $\sqrt{7-2\sqrt{12}} = \sqrt{(4+3)-2\sqrt{4\times 3}} = \sqrt{4}-\sqrt{3}=2-\sqrt{3}$

2-9 (1) $\dfrac{1}{\sqrt{2}} = \dfrac{\sqrt{2}}{\sqrt{2}\sqrt{2}} == \dfrac{\sqrt{2}}{2}$

(2) $\dfrac{\sqrt{5}}{\sqrt{3}} = \dfrac{\sqrt{5}\sqrt{3}}{\sqrt{3}\sqrt{3}} = \dfrac{\sqrt{15}}{3}$

(3) $\dfrac{1}{\sqrt{2}-1} = \dfrac{\sqrt{2}+1}{(\sqrt{2}-1)(\sqrt{2}+1)} = \dfrac{\sqrt{2}+1}{1} = \sqrt{2}+1$

2-10 $S= \dfrac{1}{2}ah = \dfrac{1}{2}\times 2\times 3 = 3$

3-1 (1) $ax+2ay=a(x+2y)$ (2) $2x^2+4x=2x(x+2)$

(3) $3a+12ab=3a(1+4b)$ (4) $ax-ay+az=a(x-y+z)$

3-2 (1) $ax+ay+bx+by=a(x+y)+b(x+y)=(a+b)(x+y)$

(2) $x^2-2x+4x-8=x(x-2)+4(x-2)=(x+4)(x-2)$

3-3 (1) $2x^2-5x=x(2x-5)$

(2) $3x^2-6x+4x-8=3x(x-2)+4(x-2)=(3x+4)(x-2)$

3-4 (1) $x^2+4x+4=(x+2)^2$ (2) $a^2+4ab+4b^2=(a+2b)^2$

(3) $x^2-6x+9=(x-3)^2$ (4) $9a^2-6ab+b^2=(3a-b)^2$

3-5 (1) $x^2-81=x^2-9^2=(x+9)(x-9)$

(2) $4x^2-49y^2=(2x)^2-(7y)^2=(2x+7y)(2x-7y)$

(3) $36a^2-b^2=(6a)^2-b^2=(6a+b)(6a-b)$

(4) $16a^2-25b^2=(4a)^2-(5b)^2=(4a+5b)(4a-5b)$

3-6 (1) $x^2+2x-8=(x+4)(x-2)$

x^2+2x-8		$2x$
x	4	$4x$
x	-2	$-2x$

(2) $2x^2-5x+3=(2x-3)(x-1)$

$2x^2-5x+3$		$-5x$
$2x$	-3	$-3x$
x	-1	$-2x$

(3) $2x^2-5xy+3y^2=(2x-3y)(x-y)$

$2x^2-5xy+3y^2$		$-5xy$
$2x$	$-3y$	$-3xy$
x	$-y$	$-2xy$

3-7 (1) $x^3-1=x^3-1^3=(x-1)(x^2+x+1)$

(2) $a^3+8b^3=a^3+(2b)^3=(a+2b)(a^2-2ab+4b^2)$

(3) $x^3+3x^2+3x+1=(x+1)^3$

(4) $x^3-6x^2+12x-8=x^3-3\cdot x^2\cdot 2+3\cdot x\cdot 2^2-2^3=(x-2)^3$

3-8 (1) $24\times 20-24\times 15=24\times(20-15)=24\times 5=120$

(2) $55^2-45^2=(55+45)(55-45)=100\cdot 10=1000$

(3) $9^2-7^2+5^2-3^2=16\times 2+8\times 2=(16+8)\times 2=24\times 2=48$

(4) $53^2\times\frac{7}{10}-47^2\times\frac{7}{10}=(53^2-47^2)\times\frac{7}{10}=(53+47)(53-47)\times\frac{7}{10}$

$$=100\times 6\times\frac{7}{10}=420$$

4-1 (1) $\dfrac{2ab^2}{3x^2y^3}\times\dfrac{6x^3y}{a^2b}=\dfrac{2b}{y^2}\times\dfrac{2x}{a}=\dfrac{4bx}{ay^2}$

(2) $\dfrac{x}{x^2-1}\div\dfrac{x^2}{x+1}=\dfrac{x}{x^2-1}\times\dfrac{x+1}{x^2}=\dfrac{x}{(x+1)(x-1)}\times\dfrac{x+1}{x^2}$

$=\dfrac{1}{(x-1)}\times\dfrac{1}{x}=\dfrac{1}{x(x-1)}$

(3) $\dfrac{5}{ab^2}+\dfrac{3a}{a^2b^2}=\dfrac{5a}{a^2b^2}+\dfrac{3a}{a^2b^2}=\dfrac{8a}{a^2b^2}=\dfrac{8}{ab^2}$

(4) $\dfrac{x+1}{xy}-\dfrac{x+2}{x^2y}=\dfrac{(x+1)x}{x^2y}-\dfrac{x+2}{x^2y}=\dfrac{x^2+x-(x+2)}{x^2y}=\dfrac{x^2-2}{x^2y}$

4-2 (1) $\dfrac{1}{x(x+1)}=\dfrac{1}{x}-\dfrac{1}{x+1}$

(2) $\dfrac{1}{(n+1)(n+3)}=\dfrac{1}{2}\left(\dfrac{1}{n+1}-\dfrac{1}{n+3}\right)$

4-3 (1) $\dfrac{1}{x+1}+\dfrac{1}{(x+1)(x-3)}=\dfrac{x-3}{(x+1)(x-3)}+\dfrac{1}{(x+1)(x-3)}=\dfrac{x-2}{(x+1)(x-3)}$

(2) $\dfrac{1}{x(x-1)}-\dfrac{1}{x(x-3)}=\dfrac{x-3}{x(x-1)(x-3)}-\dfrac{x-1}{x(x-3)(x-1)}=\dfrac{-2}{x(x-1)(x-3)}$

4-4 (1) $\dfrac{1}{1+\dfrac{1}{x}}=1\div\left(1+\dfrac{1}{x}\right)=1\div\left(\dfrac{x+1}{x}\right)=1\times\left(\dfrac{x}{x+1}\right)=\dfrac{x}{x+1}$

(2) $\dfrac{\dfrac{x-1}{x-3}}{\dfrac{x+1}{x+3}}=\dfrac{x-1}{x-3}\div\dfrac{x+1}{x+3}=\dfrac{x-1}{x-3}\times\dfrac{x+3}{x+1}=\dfrac{(x-1)(x+3)}{(x-3)(x+1)}$

4-5 (1) $7x+5=x\times7+5$이므로 몫 : 7, 나머지 : 5

(2) $x^2+x+1=(x-1)(x+2)+3$이므로 몫 : $x+2$, 나머지 : 3

4-6 (1) 몫 : x, 나머지 : 1

$$\begin{array}{r|rrr} 1 & 1 & -1 & 1 \\ & & 1 & 0 \\ \hline & 1 & 0 & 1 \end{array}$$

(2) 몫 : $x+1$, 나머지 : 2

$$\begin{array}{r|rrr} -1 & 1 & 2 & 3 \\ & & -1 & -1 \\ \hline & 1 & 1 & 2 \end{array}$$

4-7 (1) $2\sqrt{x}-5\sqrt{x-1}-3\sqrt{x}+7\sqrt{x-1}=2\sqrt{x}-3\sqrt{x}-5\sqrt{x-1}+7\sqrt{x-1}$

$=-\sqrt{x}+2\sqrt{x-1}$

(2) $(\sqrt{x}+\sqrt{x+1})(\sqrt{x}-\sqrt{x+1})=x-(x+1)=-1$

4-8 (1) $2x-7\geq 0$이므로 $x\geq \dfrac{7}{2}$

(2) $3-x\geq 0$이고 $x-2>0$이므로 $2<x\leq 3$

4-9 (1) $\dfrac{1}{\sqrt{x-1}}=\dfrac{\sqrt{x-1}}{\sqrt{x-1}\sqrt{x-1}}=\dfrac{\sqrt{x-1}}{x-1}$

(2) $\dfrac{1}{\sqrt{x+1}-\sqrt{x}}=\dfrac{\sqrt{x+1}+\sqrt{x}}{(\sqrt{x+1}-\sqrt{x})(\sqrt{x+1}+\sqrt{x})}$

$=\dfrac{\sqrt{x+1}+\sqrt{x}}{(x+1)-x}=\sqrt{x+1}+\sqrt{x}$

4-10 (1) $\sqrt{2x+1+2\sqrt{x^2+x}}=\sqrt{(x+1+x)+2\sqrt{x(x+1)}}=\sqrt{x+1}+\sqrt{x}$

(2) $\sqrt{2x-2\sqrt{x^2-1}}=\sqrt{(x+1+x-1)-2\sqrt{(x+1)(x-1)}}=\sqrt{x+1}-\sqrt{x-1}$

5-1 (1) $x^2=9$인 정수 x는 $x=-3$과 $x=3$이므로 원소나열법으로는 $A=\{-3,\ 3\}$, 조건제시법으로는 $A=\{x : x^2=9,\ x\text{는 정수}\}$

(2) $x^2 \le 9$인 자연수 x는 $x=1,\ x=2,\ x=3$이므로 원소나열법으로는 $B=\{1,\ 2,\ 3\}$, 조건제시법으로는 $B=\{x : x^2 \le 9,\ x\text{는 자연수}\}$

5-2 $\varnothing$, $\{1\}$, $\{2\}$, $\{1,\ 2\}$

5-3 (1) $A\cup B=\{1,\ 2,\ 3,\ 4,\ 5,\ 6,\ 8\}$ (2) $A\cap B=\{2,\ 4,\ 6\}$

(3) $A-B=\{1,\ 3,\ 5\}$ (4) $B-A=\{8\}$

5-4 (1) $[0,\ 3]\cap(2,\ 5)=(2,\ 3]$ (2) $[0,\ 3]-(2,\ 5)=[0,\ 2]$

5-5 (1) $f(1)=1^2+1=1+1=2$ (2) $f(2)=2^2+2=6$

(3) $f(f(1))=f(2)=6$ (4) $f(f(2))=f(6)=6^2+6=42$

5-6 (1) $(-\infty,\ \infty)$ (2) $x\neq 2$이므로 $(-\infty,\ 2)\cup(2,\ \infty)$

(3) $x-3\ge 0$이므로 $[3,\ \infty)$

(4) $x-4>0$이므로 $(4,\ \infty)$

5-7 (1) $(g\circ f)(2)=g(f(2))=g(2+1)=g(3)=3^2=9$

(2) $(f\circ g)(2)=f(g(2))=f(2^2)=f(4)=4+1=5$

(3) $(g\circ f)(x)=g(f(x))=g(x+1)=(x+1)^2$

(4) $(f\circ g)(x)=f(g(x))=f(x^2)=x^2+1$

5-8 $y=-2x+4$의 역함수는 $x=-2y+4$이다. y에 대해 정리하면 $2y=-x+4$에서

$y=-\dfrac{1}{2}x+2$

6-1 (1) $A\times B=\{(1,\ 3),\ (1,\ 4),\ (1,\ 5),\ (2,\ 3),\ (2,\ 4),\ (2,\ 5)\}$

(2) $B\times A=\{(3,\ 1),\ (3,\ 2),\ (4,\ 1),\ (4,\ 2),\ (5,\ 1),\ (5,\ 2)\}$

6-2 (1)

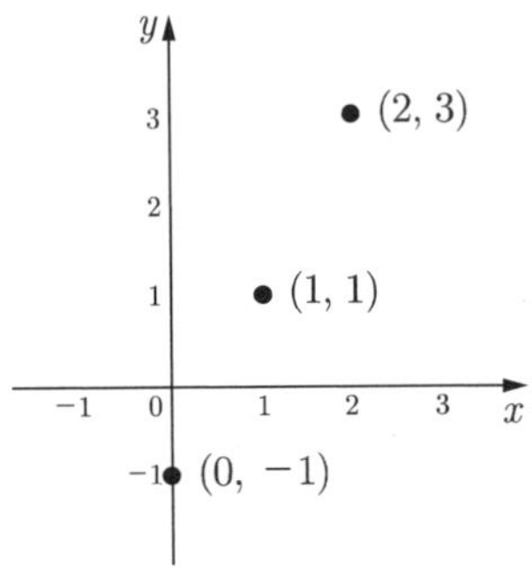

(2)

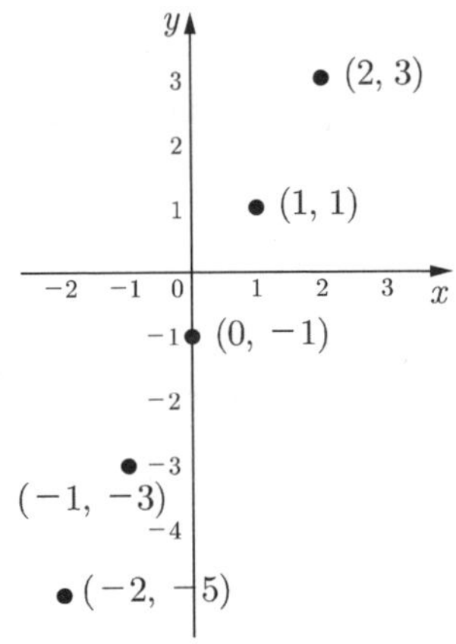

(3)

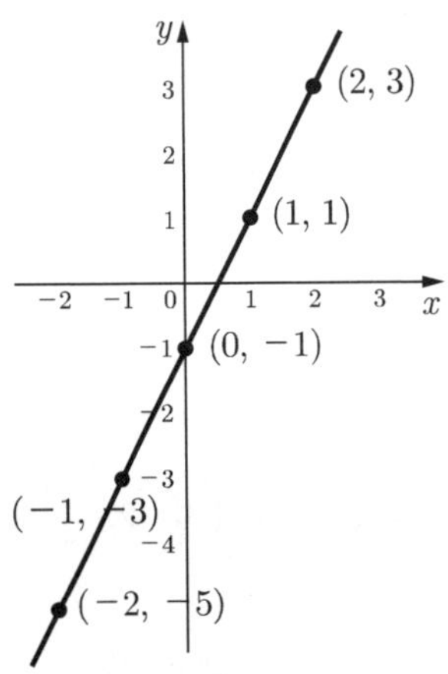

6-3 (1) $2=a(1)+2$이므로 $a=0$ (2) $2=1^2+b$이므로 $b=1$

6-4 (1) x 대신 $x-2$, y 대신 $y-3$을 대입하면 $y-3=x-2+2$, 즉 $y=x+3$

(2) x 대신 $x+2$, y 대신 $y-3$을 대입하면 $2(x+2)+3(y-3)=5$,

즉 $2x+4+3y-9=5$에서 $2x+3y=10$

6-5 (1) y 대신 $-y$를 대입하면 $-y=2x+4$, 즉 $y=-2x-4$

(2) x 대신 $-x$를 대입하면 $y=-2x+4$

(3) x 대신 $-x$, y 대신 $-y$를 대입하면 $-y=-2x+4$, 즉 $y=2x-4$

(4) x 대신 y, y 대신 x를 대입하면 $x=2y+4$, 즉 $2y=x-4$에서 $y=\frac{1}{2}x-2$

6-6 (1) (3) (5) ((2)는 이차함수, (4)는 분수함수, (6)은 상수함수)

6-7 (1) 기울기 : 1, y절편 : -1,

그래프 :

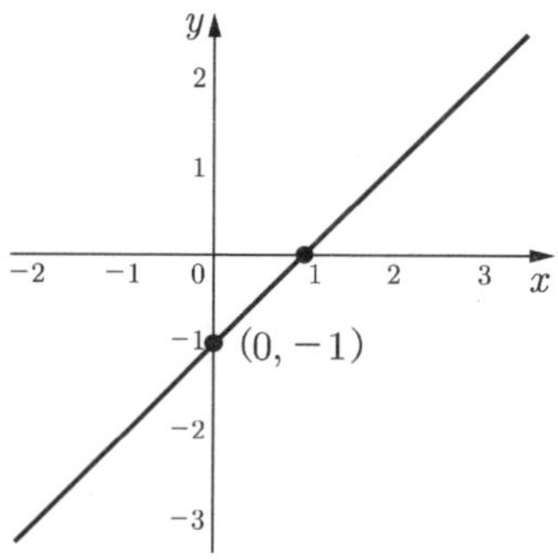

(2) 기울기 : -2, y절편 : 3,

그래프 :

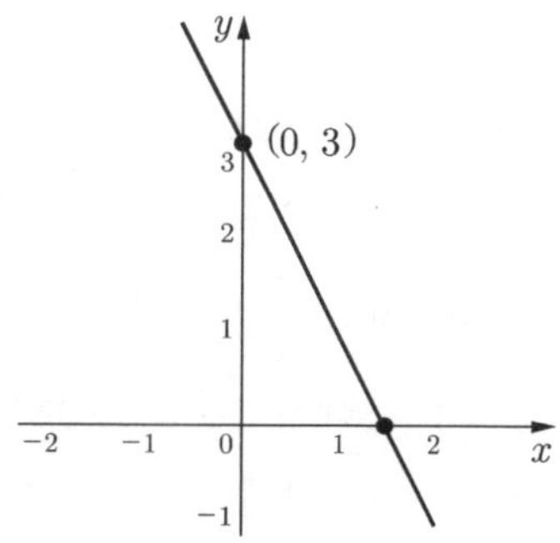

6-8 $y=3x+6$에서 y절편은 6이다. $y=3x+6$의 x절편은 $y=0$을 대입하면 $0=3x+6$이므로 $3x=-6$에서 $x=-2$이다. 그래프를 그리면

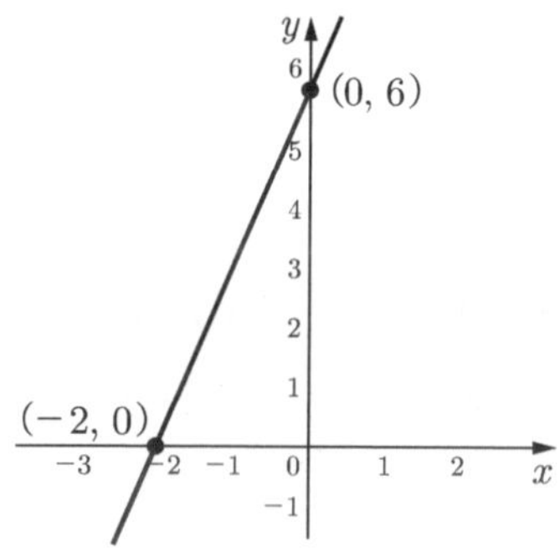

6-9 (1) $y=x^2-x$이므로 이차함수이고 위로 오목(∪)

(3) 위로 볼록(∩) ((2)는 일차함수, (4)는 삼차함수)

6-10 (1) 대칭축 : $x=1$, 꼭짓점 : (1, 2),

그래프 :

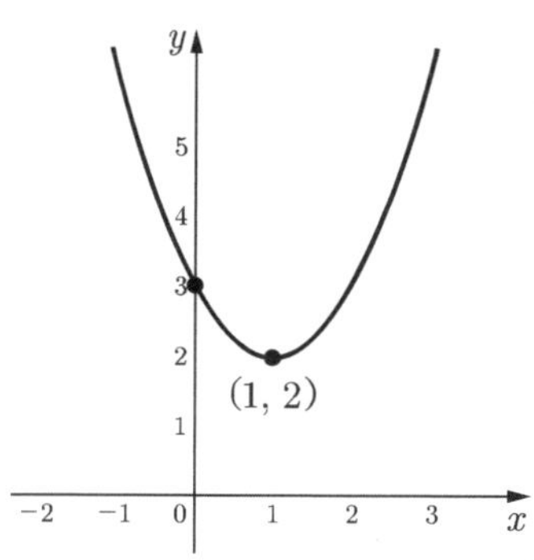

(2) 대칭축 : $x=-1$, 꼭짓점 : $(-1, -3)$,

그래프 :

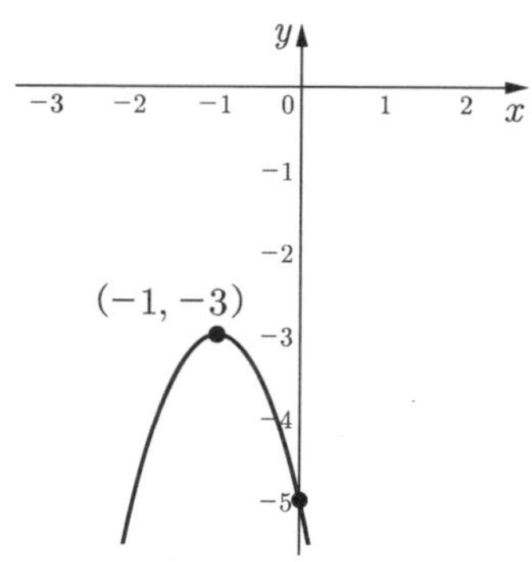

7-1 (1) $x+1-1=5-1$이므로 $x=4$ (2) $x-3+3=4+3$이므로 $x=7$

(3) 해가 무수히 많으므로 부정 (4) 해가 없으므로 불능

7-2 (1) $x-2+2=7+2$이므로 $x=9$ (2) $x+7-7=4-7$이므로 $x=-3$

(3) $\frac{x}{3}\times 3=6\times 3$이므로 $x=18$ (4) $\frac{4x}{4}=\frac{-24}{4}$이므로 $x=-6$

7-3 (1) $2x=3+1$에서 $2x=4$이므로 $x=2$

(2) $x-2x=6-3$에서 $-x=3$이므로 $x=-3$

7-4 (1) $2x-3x=2-1$에서 $-x=1$이므로 $x=-1$

(2) $4x=-8$이므로 $x=-2$

(3) $9x=-5$이므로 $x=-\frac{5}{9}$

(4) $2x+2=x+1$에서 $2x-x=1-2$이므로 $x=-1$

7-5 (1) $x=3,\ x=-2$

(2) $x^2-7x+6=0$은 $(x-1)(x-6)=0$이므로 $x=1,\ x=6$

(3) $x^2-x-6=0$은 $(x-3)(x+2)=0$이므로 $x=3,\ x=-2$

(4) $x^2-9=0$은 $(x+3)(x-3)=0$이므로 $x=-3,\ x=3$

7-6 (1) $3x^2=15$에서 $x^2=\frac{15}{3}=5$이므로 $x=\pm\sqrt{5}$

(2) $x^2+2x-8=0$은 $x^2+2x+1-1-8=0$이므로 $(x+1)^2=9$이다.

$x+1=\pm\sqrt{9}=\pm 3$이므로 $x=-1\pm 3$이다. 따라서 $x=2,\ x=-4$

7-7 (1) $x=\frac{-(-5)\pm\sqrt{(-5)^2-4\times 1\times(-3)}}{2\times 1}$이므로 $x=\frac{5\pm\sqrt{37}}{2}$

(2) $x=\frac{-4\pm\sqrt{4^2-4\times 3\times(-2)}}{2\times 3}=\frac{-4\pm\sqrt{40}}{6}=\frac{-4\pm 2\sqrt{10}}{6}=\frac{-2\pm\sqrt{10}}{3}$

이므로 $x=\frac{-2\pm\sqrt{10}}{3}$

7-8 (1) $D=(-1)^2-4\times 1\times(-2)=9>0$이므로 실수인 해는 2개

(2) $D=(-8)^2-4\times 1\times 16=0$이므로 실수인 해는 1개(중근)

(3) $x^2=5x-5$는 $x^2-5x+5=0$이므로 $D=(-5)^2-4\times 1\times 5=5>0$이다. 따라서 실수인 해는 2개

(4) $D=(-1)^2-4\times1\times1=-3<0$이므로 실수인 해는 0개

7-9 (1) $2+3=5$이고 $2\times3=6$이므로 $x^2-5x+6=0$

(2) $(1+\sqrt{2})+(1-\sqrt{2})=2$이고 $(1+\sqrt{2})(1-\sqrt{2})=-1$이므로 $x^2-2x-1=0$

8-1 $\begin{cases} x+y=6 \cdots (1) \\ x-y=4 \cdots (2) \end{cases}$에서 두 식을 더하면 $2x=10$에서 $x=5$이다. 또한 $x=5$를 식 (1)에 대입하면 $5+y=6$에서 $y=1$이다. 따라서 $x=5$, $y=1$

8-2 $\begin{cases} -2x+\ \ y=\ \ 1 \cdots (1) \\ \quad x+3y=10 \cdots (2) \end{cases}$에서 식 (1)을 y에 대해 정리하면 $y=2x+1$이다. $y=2x+1$을 식 (2)에 대입하면 $x+3(2x+1)=10$에서 $x+6x+3=10$이므로 $7x=7$에서 $x=1$이다. $x=1$을 $y=2x+1$에 대입하면 $y=3$이다. 따라서 $x=1$, $y=3$

8-3 $\begin{cases} \ \ x+\ \ y=2 \cdots (1) \\ 2x-3y=1 \cdots (2) \end{cases}$에서 식 (1)에 3을 곱하여 식 (2)와 더하면

$\begin{cases} 3x+3y=6 \cdots (1)\times 3 \\ 2x-3y=1 \cdots (2)[+] \end{cases}$에서 $5x=7$이다. 따라서 $x=\dfrac{7}{5}$이다. 또한

$\begin{cases} \ \ x+\ \ y=2 \cdots (1) \\ 2x-3y=1 \cdots (2) \end{cases}$에서 식 (1)에 2를 곱하여 식 (2)를 빼면

$\begin{cases} 2x+2y=4 \cdots (1)\times 2 \\ 2x-3y=1 \cdots (2)[-] \end{cases}$에서 $5y=3$이다. 따라서 $x=\dfrac{3}{5}$이다.

그러므로 $x=\dfrac{7}{5}$, $x=\dfrac{3}{5}$

8-4 (1) $\begin{cases} \ \ x+\ \ y=2 \\ 3x+3y=6 \end{cases}$은 $\begin{cases} 3x+3y=6 \\ 3x+3y=6 \end{cases}$이므로 해가 무수히 많다. 부정

(2) $\begin{cases} \ \ x+\ \ y=2 \\ 2x+2y=5 \end{cases}$는 $\begin{cases} 2x+2y=4 \\ 2x+2y=5 \end{cases}$이므로 해가 없다. 불능

(3) $\begin{cases} x+y=2 \cdots (1) \\ x-y=5 \cdots (2) \end{cases}$에서 식 (1)과 식 (2)를 더하면 $2x=7$이고 식 (1)에서 식 (2)를 빼면 $2y=-3$이다. 따라서 $x=\dfrac{7}{2}$, $y=-\dfrac{3}{2}$

8-5 (1) $\begin{cases} x+y+z=6 \cdots (1) \\ y-z=-1 \quad \cdots (2) \\ z=3 \qquad\quad \cdots (3) \end{cases}$ 에서 식 (3)의 $z=3$을 식 (2)에 대입하면 $y-3=-1$에서 $y=2$이다. $z=3$과 $y=2$를 식 (1)에 대입하면 $x+2+3=6$에서 $x=1$이다. 따라서 $x=1$, $y=2$, $z=3$

(2) $\begin{cases} x+y+z=6 \cdots (1) \\ x-y+z=2 \cdots (2) \\ x+y-z=0 \cdots (3) \end{cases}$에서 z를 소거하기 위해 식 (1)에서 식 (2)를 빼면 $2y=4$에서 $y=2$이다. 또한 z를 소거하기 위해 식 (1)과 식 (3)을 더하면 $2x+2y=6$이

다. $y=2$이므로 $2x+4=6$에서 $x=1$이다. 식 (3)에 $x=1$과 $y=2$를 대입하면 $1+2-z=0$에서 $z=3$이다. 그러므로 $x=1$, $y=2$, $z=3$

8-6 (1) 계수를 비교하면 $a=-2$, $b=-2$

(2) 계수를 비교하면 $a=0$, $b=0$, $c=0$

(3) $x^2+5x-2=a(x-1)^2+b(x-1)+c$에서 우변을 정리하면 $a(x^2-2x+1)+b(x-1)+c=ax^2+(-2a+b)x+a-b+c$ 이다. 따라서 $x^2+5x-2=ax^2+(-2a+b)x+a-b+c$가 항등식이므로 $a=1$, $-2a+b=5$, $a-b+c=-2$이다.

연립방정식 $\begin{cases} a=1 \\ -2a+b=5 \\ a-b+c=-2 \end{cases}$ 를 풀면(풀이 생략) $a=1$, $b=7$, $c=4$

8-7 (1) $\dfrac{1}{(x+2)(x+3)}=\dfrac{A}{x+2}+\dfrac{B}{x+3}$로 놓으면

$\dfrac{1}{(x+2)(x+3)}=\dfrac{A(x+3)+B(x+2)}{(x+2)(x+3)}=\dfrac{(A+B)x+3A+2B}{(x+2)(x+3)}$이다.

$A+B=0$이고 $3A+2B=1$이므로 연립방정식 $\begin{cases} A+\ \ B=0 \\ 3A+2B=1 \end{cases}$을 풀면(풀이 생략)

$A=1$, $B=-1$이다. 따라서 $\dfrac{1}{(x+2)(x+3)}=\dfrac{1}{x+2}+\dfrac{-1}{x+3}$

(2) $\dfrac{2x-3}{x(x+1)}=\dfrac{A}{x}+\dfrac{B}{x+1}$로 놓으면

$\dfrac{2x-3}{x(x+1)}=\dfrac{A}{x}+\dfrac{B}{x+1}=\dfrac{A(x+1)+Bx}{x(x+1)}=\dfrac{(A+B)x+A}{x(x+1)}$이다. $A+B=2$이고

$A=-3$이므로 $B=5$이다. 따라서 $\dfrac{2x-3}{x(x+1)}=\dfrac{-3}{x}+\dfrac{5}{x+1}$

(3) $\dfrac{1}{(x+1)(x-1)(x+2)}=\dfrac{A}{x+1}+\dfrac{B}{x-1}+\dfrac{C}{x+2}$로 놓으면

$\dfrac{1}{(x+1)(x-1)(x+2)}=\dfrac{A}{x+1}+\dfrac{B}{x-1}+\dfrac{C}{x+2}$

$=\dfrac{A(x-1)(x+2)+B(x+1)(x+2)+C(x+1)(x-1)}{(x+1)(x-1)(x+2)}$

$=\dfrac{(A+B+C)x^2+(A+3B)x-2A+2B-C}{(x+1)(x-1)(x+2)}$이다. $A+B+C=0$,

$A+3B=0$, $-2A+2B-C=1$이므로 연립방정식 $\begin{cases} A+\ \ B+C=0 \\ A+3B\qquad=0 \\ -2A+2B-C=1 \end{cases}$을 풀면

(풀이 생략) $A=-\dfrac{1}{2}$, $B=\dfrac{1}{6}$, $C=\dfrac{1}{3}$이다. 따라서

$$\frac{1}{(x+1)(x-1)(x+2)}=\frac{-\frac{1}{2}}{x+1}+\frac{\frac{1}{6}}{x-1}+\frac{\frac{1}{3}}{x+2}$$

8-8 연립방정식 $\begin{cases} y=-x+5 \\ y=2x-4 \end{cases}$를 풀면 $-x+5=2x-4$이고 $9=3x$에서 $x=3$이고 $y=-3+5=2$이다. 따라서 $x=3$, $y=2$이므로 교점은 $(3,\ 2)$이다.

부등식 9

9-1 (1) $x+2>3$에서 $x+2-2>3-2$이므로 $x>1$

(2) $x-2\le 3$에서 $x-2+2\le 3+2$이므로 $x\le 5$

9-2 (1) $2<2x\le 6$

(2) $-9\le -3x<-3$

(3) $2<2x\le 6$이므로 $2+3<2x+3\le 6+3$, 즉 $5<2x+3\le 9$

(4) $-12\le -4x<-4$이므로 $-14\le -4x-2<-6$

9-3 (1) $-2x\ge 8$에서 $\dfrac{-2x}{-2}\le\dfrac{8}{-2}$이므로 $x\le -4$

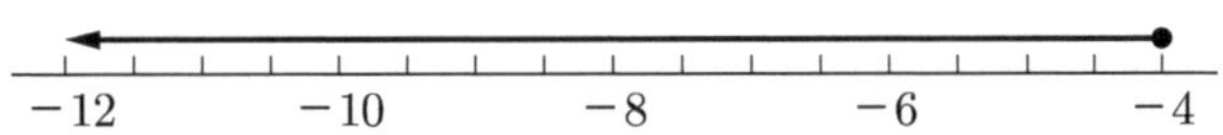

(2) $x-1<4x-4$에서 $-3x<-3$이므로 $x>1$

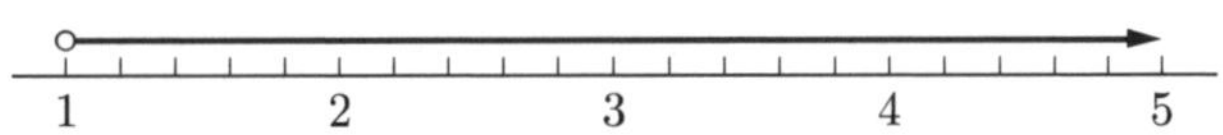

9-4 (1) $2x-1\ge 3$에서 $2x\ge 4$이므로 $x\ge 2$

(2) $x+3<2x+6$에서 $-x<3$이므로 $x>-3$

9-5 (1) $(x+2)(x-3)\le 0$에서 $-2\le x\le 3$

(2) $-3(x-1)(x+2)<0$은 $(x-1)(x+2)>0$이므로 $x<-2$ 또는 $x>1$

9-6 (1) $(x-3)^2>0$의 해는 $x\ne 3$인 모든 실수

(2) $(x+2)^2\le 0$의 해는 $x=-2$

3) $x^2+x+1\ge 0$에서 $x^2+x+1=0$의 해가 허근$(D=1^2-4\times 1\times 1=-3<0)$이므로 x는 모든 실수

(4) $-x^2+2x-3>0$은 $x^2-2x+3<0$이고 x^2-2x+3의 해가 허근$(D=(-2)^2-4\times 1\times 3=-8<0)$이므로 해가 없다.

9-7 (1) $2x-3<1$에서 $2x<4$, 즉 $x<2$이다. 또한 $-5x+2\le 7$에서 $-5x\le 7-2=5$, 즉 $x\ge -1$이다. 따라서 $-1\le x<2$

(2) $x+1\le 2x+3$에서 $-x\le 2$, 즉 $x\ge -2$이다. 또한 $2x+3<x+8$에서 $x<5$이다. 따라서 $-2\le x<5$

9-8 (1) 산술-기하 부등식에서 $x+\frac{2}{x} \geq 2\sqrt{x \times \frac{2}{x}} = 2\sqrt{2}$ 이므로 $x+\frac{2}{x}$ 의 최솟값은 $2\sqrt{2}$

(2) 코시-슈바르츠 부등식에서 $(2x+3y)^2 \leq (2^2+3^2)(x^2+y^2) = (4+9)(1) = 13$ 이므로 $-\sqrt{13} \leq 2x+3y \leq \sqrt{13}$

10-1 (1) $A(-2,\ 3)$는 $x<0$이고 $y>0$이므로 제2사분면

(2) $B(3,\ -4)$는 $x>0,\ y<0$이므로 제4사분면

(3) $C(-2,\ -3)$는 $x<0,\ y<0$이므로 제3사분면

(4) $D(4,\ 3)$는 $x>0,\ y>0$이므로 제1사분면

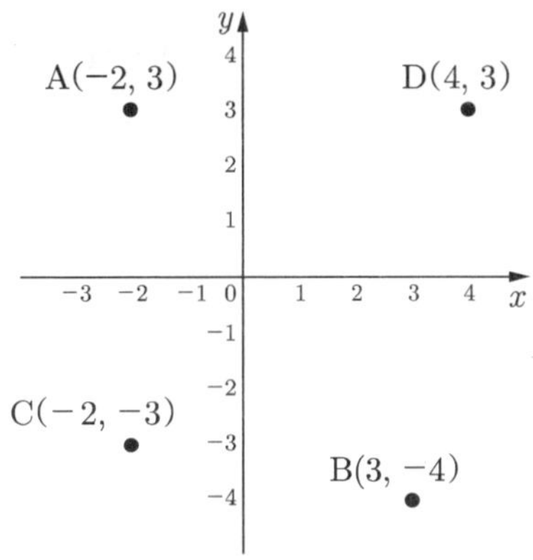

10-2 (1) $\sqrt{3^2+4^2}=\sqrt{25}=5$ (2) $\sqrt{(-3)^2+(-4)^2}=\sqrt{25}=5$

(3) $\sqrt{(-6)^2+8^2}=\sqrt{100}=10$ (4) $\sqrt{2^2+(-4)^2}=\sqrt{20}=2\sqrt{5}$

10-3 (1) $\sqrt{(3-1)^2+(6-2)^2}=\sqrt{4+16}=\sqrt{20}=2\sqrt{5}$

(2) $\sqrt{(-3-(-1))^2+(8-2)^2}=\sqrt{4+36}=\sqrt{40}=2\sqrt{10}$

10-4 (1) $M\left(\dfrac{1+3}{2},\ \dfrac{2+6}{2}\right)=M(2,\ 4)$ (2) $M\left(\dfrac{-1+(-3)}{2},\ \dfrac{2+8}{2}\right)=M(-2,\ 5)$

10-5 (1) $\dfrac{6-2}{3-1}=\dfrac{4}{2}=2$ (2)

$\dfrac{8-2}{-3-(-1)}=\dfrac{6}{-2}=-3$

10-6 (1) $y=3(x-1)+2$ 또는 $y=3x-1$ (2) $x=1$

(3) $y=2$

(4) 두 점을 지나는 직선의 기울기는 $\dfrac{6-2}{3-1}=\dfrac{4}{2}=2$ 이므로 $y=2(x-1)+2$ 또는 $y=2(x-3)+6$, 즉 $y=2x$

10-7 (1) $\dfrac{x}{3}+\dfrac{y}{2}=1$ 에서 $y=0$이면 $\dfrac{x}{3}=1$ 에서 x절편은 3이다. 또한 $\dfrac{x}{3}+\dfrac{y}{2}=1$ 에서

$x=0$이면 $\dfrac{y}{2}=1$ 에서 y절편은 2이다. 따라서 그래프는

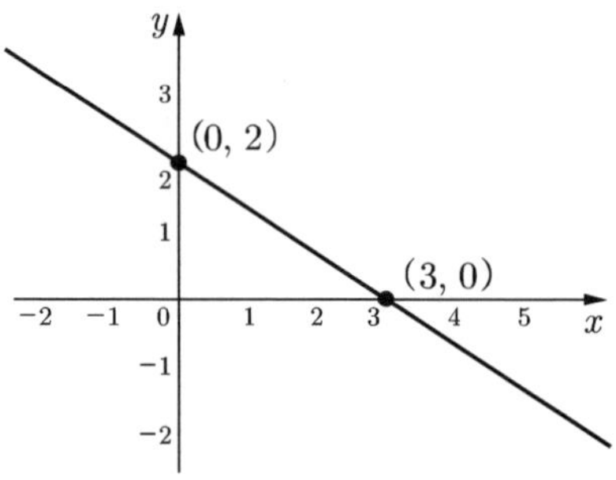

(2) $6x+3y=12$에서 $y=0$이면 $6x=12$에서 x절편은 2이다. $6x+3y=12$에서 $x=0$이면 $3y=12$에서 y절편은 4이다. $6x+3y=12$은 $3y=-6x+12$, 즉 $y=-2x+4$이므로 기울기는 -2이다.

10-8 $y=-x+5$, $y=mx-4$가 수직으로 만나면 기울기의 곱 $(-1)\times m=-1$이므로 $m=1$이다. $m=1$일 때의 $y=-x+5$, $y=x-4$의 교점은 연립방정식 $\begin{cases} y=-x+5 \\ y=x-4 \end{cases}$의 해이므로 $-x+5=x-4$에서 $-2x=-9$, 즉 $x=\dfrac{9}{2}$이고 $y=\dfrac{9}{2}-4=\dfrac{1}{2}$이므로 교점은 $\left(\dfrac{9}{2},\ \dfrac{1}{2}\right)$

10-9 $\dfrac{|2\cdot 1-3\cdot 2+6|}{\sqrt{2^2+(-3)^2}}=\dfrac{2}{\sqrt{13}}=\dfrac{2\sqrt{13}}{13}$

11-1 (1) $(x-1)^2+(y-2)^2=9$ (2) $(x+1)^2+(y-2)^2=2$

(3) 중심이 $(1,\ -2)$이고 점 $(0,\ 1)$을 지나는 원을 $(x-1)^2+(y+2)^2=r^2$으로 두고 $x=0$, $y=1$을 대입하면 $(-1)^2+3^2=r^2$에서 $r^2=10$이다. 따라서 $(x-1)^2+(y+2)^2=10$

11-2 $x^2+y^2+2x-4y-4=0$은 $x^2+2x+y^2-4y=4$이고 $x^2+2x+1+y^2-4y+4=4+1+4$이므로 $(x+1)^2+(y-2)^2=3^2$이다. 따라서 중심은 $(-1,\ 2)$, 반지름은 3

11-3 (1) x 대신 $x-2$, y 대신 $y+3$을 대입하면 $(x-2-1)^2+(y+3-2)^2=4$에서 $(x-3)^2+(y+1)^2=4$

(2) x 대신 $-x$를 대입하면 $(-x-1)^2+(y-2)^2=4$, 즉 $(x+1)^2+(y-2)^2=4$

11-4 연립방정식 $\begin{cases} y=-x & \cdots (1) \\ x^2+y^2=8 & \cdots (2) \end{cases}$을 풀기 위해 식 (1)을 식 (2)에 대입하면 $x^2+(-x)^2=8$에서 $2x^2=8$이므로 $x^2=4$, 즉 $x=\pm 2$이다. 식 (1)에서 $x=2$이면 $y=-2$, $x=-2$이면 $y=2$이므로 교점은 $(2,\ -2)$, $(-2,\ 2)$

11-5 중심 $(1,\ 2)$와 $(4,\ 6)$의 거리는 $d=\sqrt{(4-1)^2+(6-2)^2}=\sqrt{9+16}=\sqrt{25}=5$이고 두 원의 반지름의 합은 $r+r'=2+3=5$이다. $d=r+r'$이므로 두 원은 외부에서 접한다.

11-6 (1) 점 $A(5,\ 5)$와 원의 중심 $(1,\ 2)$와의 거리는 $\sqrt{(5-1)^2+(5-2)^2}=\sqrt{16+9}=5$이고 원의 반지름은 2이므로 점 $A(5,\ 5)$와 원 $(x-1)^2+(y-2)^2=4$ 위의 점들과의 최단거리는 $5-2=3$이다.

(2) 두 원의 중점 $(1,\ 2)$와 $(6,\ 14)$의 거리 d는 $d=\sqrt{5^2+12^2}=\sqrt{169}=13$이고 두 원의 반지름의 합은 $r+r'=2+4=6$이다. 따라서 두 원 $(x-1)^2+(y-2)^2=4$, $(x-6)^2+(y-14)^2=16$ 사이의 최단거리는 $d-(r+r')=13-6=7$

11-7 그래프 :

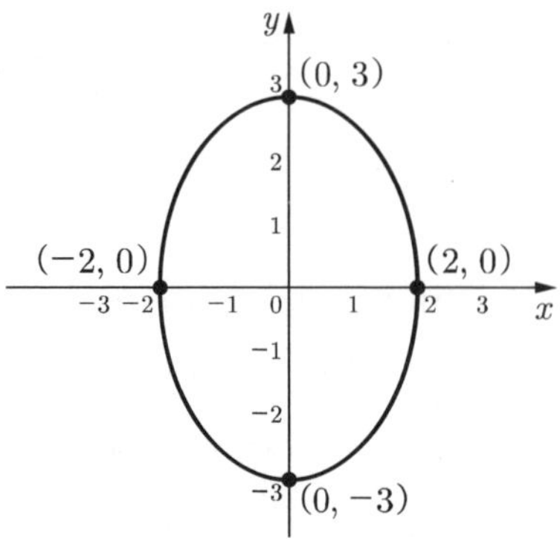

x절편 : -2, 2, y절편 : -3, 3, 장축의 길이 : 6, 단축의 길이 : 4,
타원의 중심 : (0, 0)

11-8 $y=-x$, $\dfrac{x^2}{1}+\dfrac{y^2}{3}=1$ 의 교점은 연립방정식 $\begin{cases} y=-x & \cdots (1) \\ \dfrac{x^2}{1}+\dfrac{y^2}{3}=1 & \cdots (2) \end{cases}$의 해이다. 식 (1)을 식 (2)에 대입하면 $\dfrac{x^2}{1}+\dfrac{(-x)^2}{3}=1$에서 $3x^2+(-x)^2=3$이다. $4x^2=3$의 해는 $x^2=\dfrac{3}{4}$에서 $x=\pm\dfrac{\sqrt{3}}{2}$이고 식 (1)에서 $x=+\dfrac{\sqrt{3}}{2}$이면 $y=-\dfrac{\sqrt{3}}{2}$이고 $x=-\dfrac{\sqrt{3}}{2}$이면 $y=+\dfrac{\sqrt{3}}{2}$이므로 교점은 $\left(\dfrac{\sqrt{3}}{2}, -\dfrac{\sqrt{3}}{2}\right)$, $\left(-\dfrac{\sqrt{3}}{2}, \dfrac{\sqrt{3}}{2}\right)$

12-1 (1) $25^{\frac{1}{2}}=(5^2)^{\frac{1}{2}}=5$ (2) $4^{-\frac{1}{2}}=(2^2)^{-\frac{1}{2}}=2^{-1}=\frac{1}{2}$

(3) $(-8)^{\frac{1}{3}}=((-2)^3)^{\frac{1}{3}}=-2$ (4) $16^{\frac{3}{4}}=(2^4)^{\frac{3}{4}}=2^3=8$

12-2 (1) $3^{\frac{1}{2}}\times 3^{\frac{1}{3}}=3^{\frac{1}{2}+\frac{1}{3}}=3^{\frac{3}{6}+\frac{2}{6}}=3^{\frac{5}{6}}$ (2) $x^{\frac{1}{3}}\div x^{\frac{4}{3}}=x^{\frac{1}{3}-\frac{4}{3}}=x^{-\frac{3}{3}}=x^{-1}$

(3) $(3x^4)^{\frac{1}{2}}=3^{\frac{1}{2}}(x^4)^{\frac{1}{2}}=\sqrt{3}\,x^2$ (4) $(2^{-4})^{-1.5}=2^6$

(5) $\dfrac{\sqrt[3]{a^4}}{\sqrt[6]{a}}=\dfrac{a^{\frac{4}{3}}}{a^{\frac{1}{6}}}=a^{\frac{4}{3}-\frac{1}{6}}=a^{\frac{8}{6}-\frac{1}{6}}=a^{\frac{7}{6}}=\sqrt[6]{a^7}$

(6) $\sqrt{a^3}\,\sqrt[3]{a^4}=a^{\frac{3}{2}}a^{\frac{4}{3}}=a^{\frac{3}{2}+\frac{4}{3}}=a^{\frac{9}{6}+\frac{8}{6}}=a^{\frac{17}{6}}=\sqrt[6]{a^{17}}$

12-3 (1)

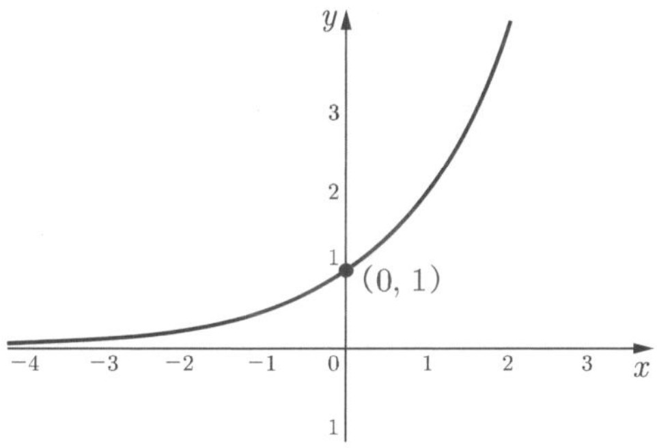

(2)

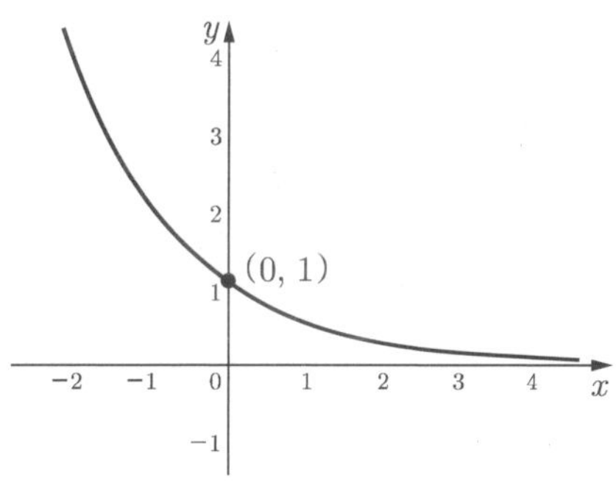

12-4 (1) x 대신 $x-3$, y 대신 $y-2$를 대입하면 $y-2=2^{x-3}$, 즉 $y=2^{x-3}+2$

(2) x 대신 $x+2$, y 대신 $y-3$을 대입하면 $y-3=2^{x+2}$, 즉 $y=2^{x+2}+3$

(3) y 대신 $-y$를 대입하면 $-y=2^x$, 즉 $y=-2^x$

(4) x 대신 $-x$를 대입하면 $y=2^{-x}$, 즉 $y=\left(\frac{1}{2}\right)^x$

12-5 (1) $(2^x)^2=32$은 $2^{2x}=2^5$이므로 $2x=5$에서 $x=\frac{5}{2}$

(2) $(3^x-1)(3^x-27)=0$에서 $3^x=1$ 또는 $3^x=27$이다. 따라서 $3^x=1=3^0$에서 $x=0$, $3^x=27=3^3$에서 $x=3$

(3) $2^{2x}-5\cdot 2^x+4=0$은 $(2^x)^2-5\cdot 2^x+4=0$이므로 $2^x=X$로 두면 $X^2-5X+4=0$이다. $X^2-5X+4=0$은 $(X-1)(X-4)$이므로 $X=1$ 또는 $X=4$이다.

즉 $2^x=1$ 또는 $2^x=4$이므로 $x=0$ 또는 $x=2$

12-6 (1) $(3\times10^2)+(2\times10^4)=(3\times10^2)+(200\times10^2)$

$=203\times10^2=2.03\times10^4=20300$

(2) $(6\times10^3)-(3\times10^5)=(6\times10^3)-(300\times10^3)$

$=-294\times10^3=-2.94\times10^6=-294000$

(3) $(3\times10^2)\times(2\times10^4)=6\times10^6=6000000$

(4) $(6\times10^3)\div(3\times10^5)=2\times10^{-2}=\dfrac{2}{100}=\dfrac{1}{50}$

12-7 (1) $(3\times10^6)\times(1.8\times10^3)=5.4\times10^9$

(2) $(4.8\times10^{-3})\div(1.2\times10^3)=4\times10^{-6}$

13-1 (1) $2^3=8$에서 $3=\log_2 8$　(2) $3^0=1$에서 $0=\log_3 1$

(3) $10^2=100$에서 $2=\log_{10}100$　(4) $2^{-5}=\frac{1}{32}$에서 $-5=\log_2\left(\frac{1}{32}\right)$

(5) $8^{\frac{1}{3}}=2$에서 $\frac{1}{3}=\log_8 2$　(6) $2^{-\frac{1}{2}}=\frac{1}{\sqrt{2}}$에서 $-\frac{1}{2}=\log_2\left(\frac{1}{\sqrt{2}}\right)$

13-2 (1) $\log_2 8=3$에서 $8=2^3$　(2) $\log_3 1=0$에서 $1=3^0$

(3) $\log_2\left(\frac{1}{16}\right)=-4$ 에서 $\frac{1}{16}=2^{-4}$　(4) $\log_{10}10000=4$에서 $10000=10^4$

(5) $\log_{10}0.000001=-6$에서 $0.000001=10^{-6}$

(6) $\log_2\sqrt{8}=\frac{3}{2}$에서 $\sqrt{8}=2^{\frac{3}{2}}$

13-3 (1) $\log_2 1=0$　(2) $\log_5 1=0$

(3) $\log_3 3=1$　(4) $\log_{\frac{1}{3}}\frac{1}{3}=1$

(5) $\log_3 27=\log_3 3^3=3\log_3 3=3$　(6) $3^{\log_3 25}=25$

13-4 (1) $\log_2 4+\log_2 8=\log_2 32=\log_2 2^5=5$

(2) $\log_2 128-\log_2 32=\log_2\frac{128}{32}=\log_2 4=\log_2 2^2=2$

(3) $\log_4\frac{1}{4}+\log_4\sqrt{4^3}=\log_4 4^{-1}+\log_4 4^{\frac{3}{2}}=-1+\frac{3}{2}=-\frac{2}{2}+\frac{3}{2}=\frac{1}{2}$

(4) $2\log_{10}3+3\log_{10}2-2\log_{10}6=\log_{10}3^2+\log_{10}2^3-\log_{10}6^2=\log_{10}\left(\frac{9\times 8}{36}\right)=\log_{10}2$

(5) $\log_2 8+\log_4 8=\log_2 2^3+\log_{2^2}2^3=3+\frac{3}{2}=\frac{9}{2}$

13-5 (1) $\frac{\log_2 25}{\log_2 5}=\log_5 25=\log_5 5^2=2$

(2) $\log_2 3\cdot\log_3 2=\log_2 3\cdot\frac{1}{\log_2 3}=1$

(3) $\frac{1}{\log_4 2}+\log_2 8=\log_2 4+\log_2 8=\log_2 2^2+\log_2 2^3=2+3=5$

13-6 (1) $\log A=4.2=4+0.2$이므로 A의 정수 부분은 $4+1=5$자리수

(2) $\log B=17.32=17+0.32$이므로 B의 정수 부분은 $17+1=18$자리수

(3) $\log C = 0.75 = 0 + 0.75$이므로 C의 정수 부분의 자리수는 $0 + 1 = 1$

(4) $\log D = -4.6 = -5 + 0.4$이므로 D는 소수점 이하 다섯 번째 자리에서 처음으로 0이 아닌 숫자가 나타난다.

13-7 (1) x 대신 $x-2$, y 대신 $y+3$을 대입하면 $y+3 = \log_2(x-2)$, 즉 $y = \log_2(x-2) - 3$

(2) x 대신 $-x$를 대입하면 $y = \log_2(-x)$

(3) x 대신 y, y 대신 x를 대입하면 $x = \log_2 y$ 또는 $y = 2^x$

13-8 (1) $\log_3(2x-4) = \log_3(x+5)$에서 $2x-4 = x+5$이므로 $x = 9$

(2) $2^{2x-1} = 5$에서 $2x-1 = \log_2 5$이므로 $2x = \log_2 5 + 1 = \log_2 5 + \log_2 2 = \log_2 10$이다. 그러므로 $x = \frac{1}{2}\log_2 10$ 또는 $x = 1.661$

(3) $\log_3 x = X$로 두면 $(\log_3 x)^2 = 2\log_3 x$는 $X^2 = 2X$이므로 $X^2 - 2X = 0$이다. $X(X-2) = 0$에서 $X = 0$ 또는 $X = 2$이고 따라서 $\log_3 x = 0$ 또는 $\log_3 x = 2$이다. 그러므로 $x = 3^0 = 1$ 또는 $x = 3^2 = 9$

14-1 (1) $180° \times \frac{1}{2} = 90°$ (2) $180° \times \frac{5}{6} = 150°$

(3) $90° \times \frac{1}{3} = 30°$ (4) $90° \times 3 = 270°$

14-2 (1) $50° = 50° \times \frac{\pi}{180°} = \frac{5}{18}\pi$ (2) $130° = 130° \times \frac{\pi}{180°} = \frac{13}{18}\pi$

(3) $\frac{3}{5}\pi = \frac{3}{5}\pi \times \frac{180°}{\pi} = 108°$ (4) $3\pi = 3\pi \times \frac{180°}{\pi} = 540°$

14-3 (1) $\frac{19}{6}\pi = \frac{19}{6}\pi \times \frac{180°}{\pi} = 19 \times 30° = 570° = 360° \times 1 + 210°$이므로 $\frac{19}{6}\pi$은 3사분면의 각

(2) $-320° = -360° \times 1 + 40°$이므로 $-320°$는 1사분면의 각

14-4 (1) $\sin 120° = \frac{\sqrt{3}}{2}$

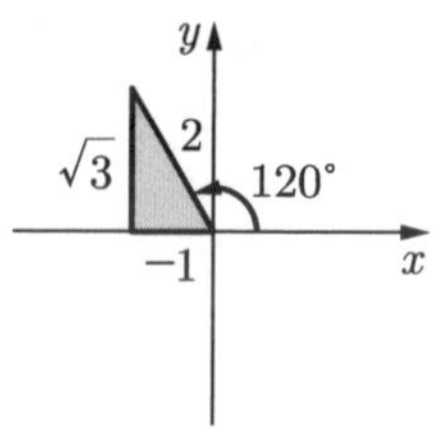

(2) $\cos\frac{5\pi}{6} = \cos 150° = -\frac{\sqrt{3}}{2}$

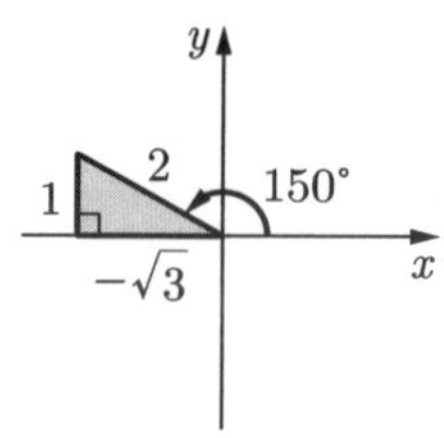

(3) $\tan 225° = 1$

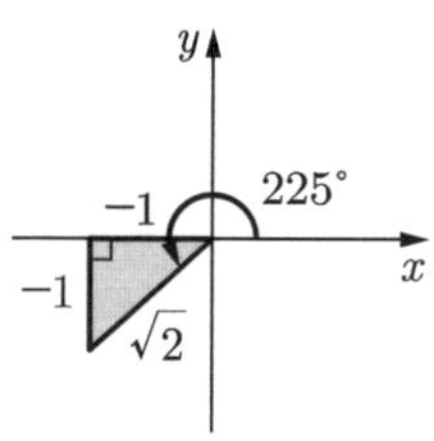

14-5 (1) $\frac{19}{6}\pi = 19 \times 30° = 570° = 360° + 210°$이므로 제3사분면에서 sin은 −

(2) $-520° = -360° \times 2 + 200°$이므로 제3사분면에서 cos은 −

(3) $\frac{7\pi}{3} = 7 \times 60° = 420° = 360° + 60°$ 이므로 제1사분면에서 tan는 +

14-6 (1) $(\sin\theta + \cos\theta)^2 = \sin^2\theta + 2\sin\theta\cos\theta + \cos^2\theta$

$$= \sin^2\theta + \cos^2\theta + 2\sin\theta\cos\theta = 1 + 2\sin\theta\cos\theta$$

(2) $(\sin\theta + \cos\theta)(\sin\theta - \cos\theta) = \sin^2\theta - \cos^2\theta = (1 - \cos^2\theta) - \cos^2\theta = 1 - 2\cos^2\theta$

14-7 (1) $\cos 120° = \cos(90° \times 1 + 30°) = -\sin 30° = -\frac{1}{2}$

(2) $\sin\frac{5\pi}{6} = \sin 150° = \sin(90° \times 1 + 60°) = \cos 60° = \frac{1}{2}$

(3) $\tan 315° = \tan(90° \times 3 + 45°) = -\frac{1}{\tan 45°} = -1$

정답

연습문제

1-1 유리수 : 3.7, -5, $\frac{7}{3}$, 0, $-\frac{3}{4}$ 무리수 : π, $\sqrt{2}$, $-\frac{\pi}{2}$

1-2 (1) 12 (2) 6 (3) -12 (4) -1.5

1-3 (1) 0 (2) $\frac{5}{4}$ (3) $\frac{3}{2}$ (4) $\frac{14}{9}$

1-4 (1) $\frac{17}{15}$ (2) $\frac{3}{2}$

1-5 (1) $2\frac{1}{6}$ (2) $5\frac{3}{5}$

1-6 (1) 6 (2) -9 (3) 16 (4) 10

1-7 (1) 2 (2) 5 (3) 12 (4) 0.1

1-8 (1) 6 (2) 2 (3) -3 (4) $2\sqrt{2}$

1-9 (1) $2<5$ (2) $-2>-5$ (3) $\pi>3$ (4) $\sqrt{8}<2\sqrt{3}$

확인문제

1-1 유리수 : 3.14, $\frac{5}{3}$, -0.001, -27 무리수 : 2π, π, $\sqrt{3}$

1-2 (1) 5.1 (3) 3 (3) $-\frac{1}{3}$ (4) $-\frac{2}{3}$

1-3 (1) $\frac{7}{3}$ (2) $-\frac{1}{4}$ (3) $\frac{1}{6}$ (4) $\frac{5}{2}$

1-4 (1) $\frac{5}{8}$ (2) $\frac{10}{3}$

1-5 (1) $3\frac{5}{6}$ (2) $6\frac{2}{5}$

1-6 (1) 4 (2) -5 (3) 21 (4) 0

1-7 (1) 3 (2) 3 (3) 13 (4) 0.01

1-8 (1) 10 (2) 3 (3) -4 (4) $-3\sqrt{3}$

1-9 (1) $3<9$ (2) $-3>-9$ (3) $\pi>3.1$ (4) $\sqrt{7}<2\sqrt{2}$

계산기 활용 문제

1-1 (1) $0.\dot{6}$　(2) $2.1\dot{6}$　(3) $0.\dot{1}4285\dot{7}$　(4) $0.2\dot{4}\dot{7}$

1-2 (1) $\frac{98}{99}$　(2) $\frac{13}{9}$　(3) $\frac{259}{110}$　(4) $-\frac{2455}{999}$

1-3 (1) 몫 : 8, 나머지 : 1　(2) 몫 : 14, 나머지 : 6
(3) 몫 : 189, 나머지 : 4　(4) 몫 : 3004, 나머지 : 7

1-4 (1) 14.83　(2) 217.666　(3) $-\frac{73}{15}$　(4) $-\frac{2}{33}$

1-5 (1) $2\sqrt{3}+\sqrt{2}$　(2) 0　(3) $\frac{5+13\sqrt{6}}{53}$　(4) $\frac{\sqrt{6}-12\sqrt{3}}{6}$

1-6 (1) 3.618　(2) 2.139　(3) 4.461　(4) 3.747

1-7 (1) $\frac{5}{58}$　(2) $\frac{13}{35}$

1-8 $a=10,\ b=\frac{1}{20}=0.05,\ a+\frac{a}{b}=210$

1-9 (1) $a=6,\ b=-5,\ a+b=1$　(2) $a=\frac{42}{3},\ b=-\frac{16}{3},\ a+b=\frac{26}{3}$
(3) $k=\frac{1}{50}$

1-10 (1) $\frac{1}{10}$　(2) 4　(3) $-2+\sqrt{3}$

1-11 (1) $\sqrt{3}>\frac{3}{2}>\sqrt{2}>\frac{3.14}{3}$
(2) $\sqrt{\frac{25}{9}}>\frac{0.6}{\sqrt{6}-\sqrt{3}}>(2\sqrt{5}-3\sqrt{3})^2>\sqrt{\frac{1}{10}}$

연습문제

2-1 (1) -9 (2) 27 (3) $\frac{1}{16}$ (4) $\frac{1}{81}$

(5) 1 (6) 1

2-2 (1) 3^{11} (2) x^4 (3) 3^2x^8 (4) $\frac{2^2}{3^2}$

2-3 (1) a^3b^2, a에 대한 3차식, b에 대한 2차식

(2) $\frac{5}{16}x^3y^5$, x에 대한 3차식, y에 대한 5차식

2-4 (1) $2x^2+3xy-4x$ (2) $8x^2y^3+4x^3y^2$

2-5 (1) $72a^{12}b^7$ (2) $\frac{2}{x}$ (3) a^2b-ab^2 (4) $4x+34$

2-6 (1) x^2+4x+4 (2) x^2-6x+9 (3) t^2-25 (4) $6s^2+s-2$

2-7 (1) x^3+3x^2+3x+1 (2) a^3+8

2-8 (1) $\sqrt{3}+\sqrt{2}$ (2) $2-\sqrt{3}$

2-9 (1) $\frac{\sqrt{2}}{2}$ (2) $\frac{\sqrt{15}}{3}$ (3) $\sqrt{2}+1$

2-10 $S=3$

확인문제

2-1 (1) -3 (2) 3 (3) $\frac{1}{9}$ (4) $\frac{1}{16}$

(5) 1 (6) 1

2-2 (1) 3^{11} (2) x^{-4} (3) 3^3x^6 (4) $\frac{2^3}{3^3}$

2-3 (1) a^3b^3, a에 대한 3차식, b에 대한 3차식

(2) $12x^4y^3$, x에 대한 4차식, y에 대한 3차식

2-4 (1) $9x^2-14x$ (2) $a^2-4ab+b^2$

2-5 (1) $24a^8x^5$ (2) $2x^{-2}$

(3) $a^3x^2+a^3y^2+2b^2x^2+2b^2y^2$ (4) $2x^2-2x$

2-6 (1) x^2-4x+4 (2) x^2+6x+9

(3) a^2-16 (4) $4x^2-4x-3$

2-7 (1) $x^3-6x^2+12x-8$ (2) a^3-27

2-8 (1) 3 (2) $\sqrt{5}-\sqrt{3}$

2-9 (1) $\sqrt{2}$ (2) $\dfrac{\sqrt{6}}{3}$ (3) $\sqrt{2}-1$

2-10 (1) 9π (2) $\dfrac{17}{12}$ (3) -5 (4) $\dfrac{4}{3}$

계산기 활용 문제

2-1 (1) $-5+2\sqrt{3}$ (2) $\sqrt{3}$

2-2 2

2-3 (1) 2 (2) 13

2-4 (1) 2.233×10^{-12} (2) 1.215×10^{-11}

(3) $3200000(=3.2\times10^6)$ (4) 5.331×10^{-9}

2-5 (1) $\dfrac{116}{25}$ (2) $\dfrac{11}{12}$

2-6 (1) -493 (2) 49

2-7 (1) -111 (2) 420

2-8 (1) $\dfrac{60}{13}$ (2) 4.612

2-9 (1) $\dfrac{31}{4}$ (2) 7.169

2-10 (1) $7+3\sqrt{5}$ (2) $a=2$, 5.828

연습문제

3-1 (1) $a(x+2y)$ (2) $2x(x+2)$ (3) $3a(1+4b)$ (4) $a(x-y+z)$

3-2 (1) $(a+b)(x+y)$ (2) $(x+4)(x-2)$

3-3 (1) $x(2x-5)$ (2) $(3x+4)(x-2)$

3-4 (1) $(x+2)^2$ (2) $(a+2b)^2$ (3) $(x-3)^2$ (4) $(3a-b)^2$

3-5 (1) $(x+9)(x-9)$ (2) $(2x+7y)(2x-7y)$
(3) $(6a+b)(6a-b)$ (4) $(4a+5b)(4a-5b)$

3-6 (1) $(x+4)(x-2)$ (2) $(2x-3)(x-1)$
(3) $(2x-3y)(x-y)$

3-7 (1) $(x-1)(x^2+x+1)$ (2) $(a+2b)(a^2-2ab+4b^2)$
(3) $(x+1)^3$ (4) $(x-2)^3$

3-8 (1) 120 (2) 1000 (3) 48 (4) 420

확인문제

3-1 (1) $ax(1-2x)$ (2) $-2x(x-2)$ (3) $3ab(a+4)$ (4) $(x+3)(x+5)$

3-2 (1) $(a+b)(x-y)$ (2) $(w-2x)(y+z)$

3-3 (1) $2x^2(1-2x)$ (2) $(2x+5)(x+3)$

3-4 (1) $(x-2)^2$ (2) $(a+3b)^2$ (3) $(x-4)^2$ (4) $(5a+b)^2$

3-5 (1) $(x+5)(x-5)$ (2) $(5x+6y)(5x-6y)$
(3) $(9a+2b)(9a-2b)$ (4) $(7a+3b)(7a-3b)$

3-6 (1) $(x+1)(x+3)$ (2) $(2x+1)(x-5)$
(3) $(x-y)(x-3y)$ (4) $(2x-y)(x+3y)$

3-7 (1) $(x+1)(x^2-x+1)$ (2) $(a-2b)(a^2+2ab+4b^2)$
(3) $(x-1)^3$ (4) $(x+2)^3$

3-8 (1) 125 (2) 400 (3) 90 (4) 1000

3-9 (1) $2A-3B$ (2) A^2 (3) A^2-2B (4) A^3-3AB

3-10 (1) $(x-1)^2$ (2) $(a+2b+3)(a-2b-1)$

(3) $(t+2)(t+4)$ (4) $(x+2)(x^2+x+1)$

계산기 활용 문제

3-1 (1) -900 (2) 5830 (3) 12096 (4) 899

3-2 (1) 100 (2) 24170

3-3 (1) -1482624 (2) 3160

3-4 (1) 2500 (2) 148225 (3) 10000 (4) 122500

3-5 (1) 1200 (2) 8704 (3) -252 (4) 7150

3-6 (1) $\left(x-\frac{27}{10}\right)^2$ (2) $4(x-12)(x+36)$

(3) $\left(x-\frac{12}{17}\right)\left(x+\frac{1}{3}\right)$ (4) $2(x+134)(x+312)$

3-7 (1) $3(x-45)(x+22)(x+73)$ (2) $2\left(x-\frac{3}{2}\right)^3$

(3) $-2(x+44)(x-3)^2$ (4) $-\left(x+\frac{29}{5}\right)\left(x-\frac{17}{5}\right)\left(x+\frac{6}{5}\right)$

3-8 (1) -1 (2) 13 (3) 48 (4) 24

3-9 (1) 31 (2) $a=6,\ b=1,\ a+b=7$

3-10 (1) 271 (2) 16

3-11 13000

3-12 (1) -6 (2) 36 (3) 24 (4) 108

연습문제

4-1 (1) $\dfrac{4bx}{ay^2}$ (2) $\dfrac{1}{x(x-1)}$ (3) $\dfrac{8}{ab^2}$ (4) $\dfrac{x^2-2}{x^2y}$

4-2 (1) $\dfrac{1}{x}-\dfrac{1}{x+1}$ (2) $\dfrac{1}{2}\left(\dfrac{1}{n+1}-\dfrac{1}{n+3}\right)$

4-3 (1) $\dfrac{x-2}{(x+1)(x-3)}$ (2) $\dfrac{-2}{x(x-1)(x-3)}$

4-4 (1) $\dfrac{x}{x+1}$ (2) $\dfrac{(x-1)(x+3)}{(x-3)(x+1)}$

4-5 (1) 몫 : 7, 나머지 : 5 (2) 몫 : $x+2$, 나머지 : 3

4-6 (1) 몫 : x, 나머지 : 1 (2) 몫 : $x+1$, 나머지 : 2

4-7 (1) $-\sqrt{x}+2\sqrt{x-1}$ (2) -1

4-8 (1) $x \geq \dfrac{7}{2}$ (2) $2 < x \leq 3$

4-9 (1) $\dfrac{\sqrt{x-1}}{x-1}$ (2) $\sqrt{x+1}+x$

4-10 (1) $\sqrt{x+1}+\sqrt{x}$ (2) $\sqrt{x+1}-\sqrt{x-1}$

확인문제

4-1 (1) $\dfrac{4ax}{y}$ (2) $\dfrac{x+3}{x}$ (3) $\dfrac{3x+5y}{x^2y^2}$ (4) $\dfrac{b-a}{a^2b^2}$

4-2 (1) $\dfrac{1}{x-1}-\dfrac{1}{x}$ (2) $\dfrac{1}{2}\left(\dfrac{1}{n-1}-\dfrac{1}{n+1}\right)$

4-3 (1) $\dfrac{x+4}{(x-1)(x+3)}$ (2) $\dfrac{2}{x(x+1)(x+3)}$

4-4 (1) $\dfrac{x}{x-1}$ (2) $\dfrac{(x+1)(x-3)}{x(x-1)}$

4-5 (1) 몫 : 5, 나머지 : 3 (2) 몫 : $x-2$, 나머지 : 3

4-6 (1) 몫 : $2x-1$, 나머지 : -6 (2) 몫 : x^2-4x+6, 나머지 : -3

4-7 (1) $2\sqrt{x-1}-\sqrt{x+1}$ (2) 2

4-8 (1) $x \geq 3$ (2) $3 < x \leq 5$

4-9 (1) $\dfrac{\sqrt{x+1}}{x+1}$　　(2) $\dfrac{\sqrt{x+2}+\sqrt{x}}{2}$

4-10 (1) $\sqrt{x}-\sqrt{x-1}$　(2) $\sqrt{x+1}+\sqrt{x-1}$

계산기 활용 문제

4-1 (1) 10　(2) 2　(3) $\dfrac{47}{128}$　(4) $-\dfrac{5}{36}$

4-2 (1) $\dfrac{1}{6}$　(2) $\dfrac{1}{3}$

4-3 (1) $\dfrac{4}{7}$, $-\dfrac{1}{2}$　(2) $-\dfrac{1}{12}$, $\dfrac{1}{3}$

4-4 (1) 3, 2　(2) 2, -2

4-5 (1) -15　(2) -41

4-6 (1) 175　(2) -4047

4-7 (1) $2\sqrt{2}-2$　(2) 2

4-8 (1) 2　(2) 2　(3) 4　(4) 2

4-9 (1) 1　(2) 6　(3) $-4\sqrt{30}$

4-10 8

연습문제

5-1 (1) $\{-3,\ 3\}$, $\{x : x^2 = 9,\ x\text{는 정수}\}$ (2) $\{1,\ 2,\ 3\}$, $\{x : x^2 \le 9,\ x\text{는 자연수}\}$

5-2 $\varnothing$, $\{1\}$, $\{2\}$, $\{1,\ 2\}$

5-3 (1) $\{1,\ 2,\ 3,\ 4,\ 5,\ 6,\ 8\}$ (2) $\{2,\ 4,\ 6\}$
(3) $\{1,\ 3,\ 5\}$ (4) $\{8\}$

5-4 (1) $(2,\ 3]$ (2) $[0,\ 2]$

5-5 (1) 2 (2) 6 (3) 6 (4) 42

5-6 (1) $(-\infty,\ \infty)$ (2) $(-\infty,\ 2)\cup(2,\ \infty)$
(3) $[3,\ \infty)$ (4) $(4,\ \infty)$

5-7 (1) 9 (2) 5 (3) $(x+1)^2$ (4) x^2+1

5-8 $y=-\dfrac{1}{2}x+2$

확인문제

5-1 (1) $\{-4,\ 4\}$, $\{x : x^2 = 16,\ x\text{는 정수}\}$
(2) $\{1,\ 2,\ 3\}$, $\{x : x^2 < 16,\ x\text{는 자연수}\}$

5-2 $\varnothing$, $\{1\}$, $\{2\}$, $\{3\}$, $\{1,\ 2\}$, $\{1,\ 3\}$, $\{2,\ 3\}$, $\{1,\ 2,\ 3\}$

5-3 (1) $\{1,\ 2,\ 3,\ 4,\ 5,\ 6,\ 9\}$ (2) $\{3,\ 6\}$
(3) $\{1,\ 2,\ 4,\ 5\}$ (4) $\{9\}$

5-4 (1) $[2,\ 3)$ (2) $[0,\ 2)$ (3) $(-\infty,\ 0]\cup[3,\ \infty)$

5-5 (1) 3 (2) 8 (3) 15 (4) 80

5-6 (1) $(-\infty,\ \infty)$ (2) $(-\infty,\ -2)\cup(-2,\ \infty)$
(3) $[-3,\ \infty)$ (4) $(-4,\ \infty)$

5-7 (1) 2 (2) 7 (3) $2(x-1)^2$ (4) $2x^2-1$

5-8 $y=\dfrac{1}{2}x+\dfrac{3}{2}$

5-9 (1) 4 (2) 2 (3) 1 (4) 9

5-10 (1) $\{-3,\ -1,\ 1\}$ (2) $\{-5,\ -3,\ -1,\ 1,\ 3,\ 5\}$

계산기 활용 문제

5-1 (1) $2^5 = 32$ (2) $2^5 = 32$ (3) $2^2 = 4$

5-2 $2^3 = 8$

5-3 (1) 2500, 2221 (2) 2499, 2220 (3) 2499, 2220 (4) 2498, 2219

5-4 (1) 1250 (2) 1249

5-5 (1) 1250 (2) 833 (3) 416 (4) 1667

5-6 (1) 255 (2) 960 (3) $\dfrac{65}{16}$ (4) $16 + 12\sqrt{2}$

5-7 (1) 162 (2) 2349 (3) $38 - 12\sqrt{2}$ (4) 3

5-8 (1) $\dfrac{24}{7}$ (2) $\dfrac{1488}{385}$ (3) $\dfrac{3}{4}$ (4) $\dfrac{861}{620}$

5-9 (1) 4 (2) (3) $\dfrac{15}{4}$ (4) $\dfrac{4579}{900}$

5-10 (1) $\left\{\dfrac{11}{6}, \dfrac{2}{3}, \dfrac{1}{6}, -\dfrac{1}{6}, -\dfrac{13}{30}\right\}$

(2) $\left\{\dfrac{11}{6}, \dfrac{2}{3}, \dfrac{1}{6}, -\dfrac{1}{6}, -\dfrac{13}{30}, -\dfrac{2}{3}, -\dfrac{37}{42}, -\dfrac{13}{12}, -\dfrac{23}{18}, -\dfrac{22}{15}\right\}$

연습문제

6-1 (1) $\{(1,\ 3),\ (1,\ 4),\ (1,\ 5),\ (2,\ 3),\ (2,\ 4),\ (2,\ 5)\}$

(2) $\{(3,\ 1),\ (3,\ 2),\ (4,\ 1),\ (4,\ 2),\ (5,\ 1),\ (5,\ 2)\}$

6-2 (1)

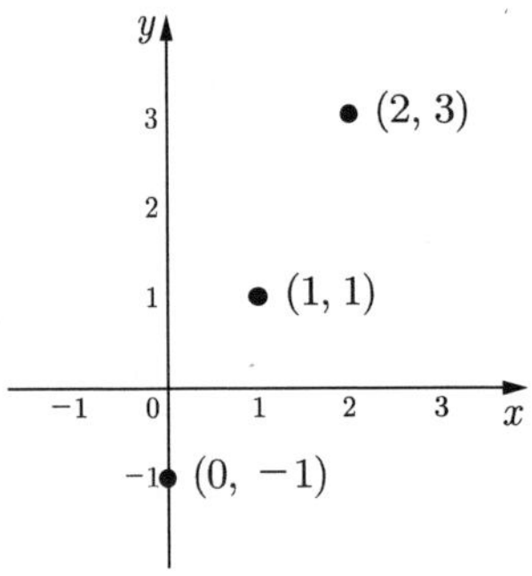

(2)

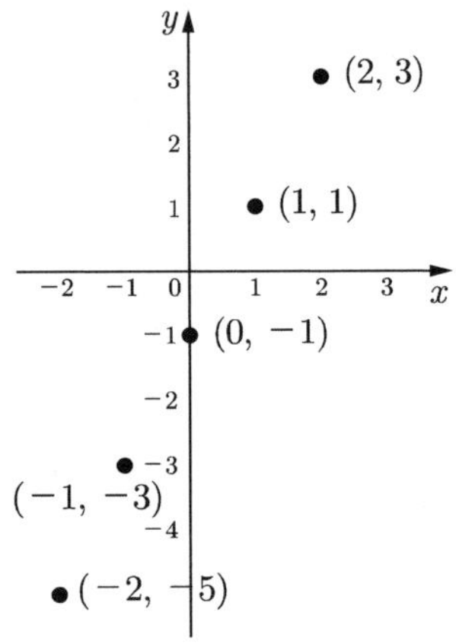

(3)

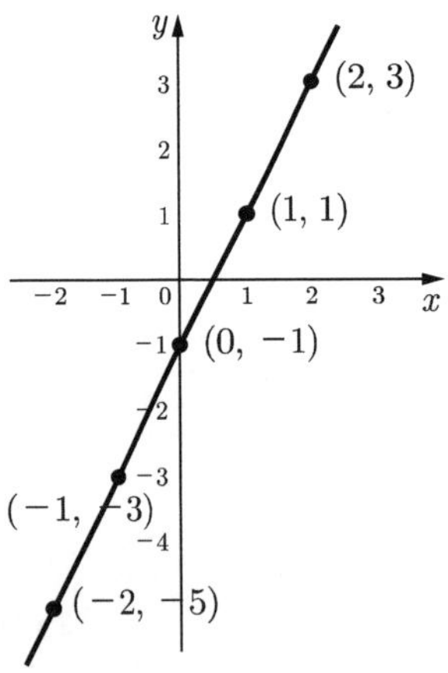

6-3 (1) $a=0$ (2) $b=1$

6-4 (1) $y-3=x-2+2$ 또는 $y=x+3$

(2) $2(x+2)+3(y-3)=5$ 또는 $2x+3y=10$

6-5 (1) $-y=2x+4$ 또는 $y=-2x-4$ (2) $y=-2x+4$

(3) $-y=-2x+4$ 또는 $y=2x-4$ (4) $x=2y+4$ 또는 $y=\dfrac{1}{2}x-2$

6-6 (1) (3) (5)

6-7 (1) 기울기 : 1, y절편 : -1

그래프 :

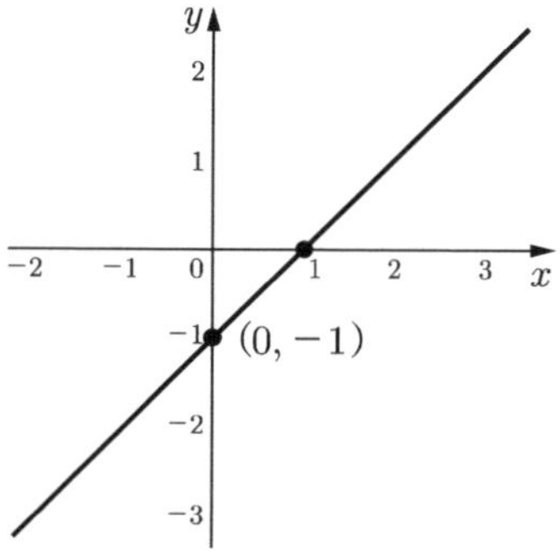

(2) 기울기 : -2, y절편 : 3

그래프 :

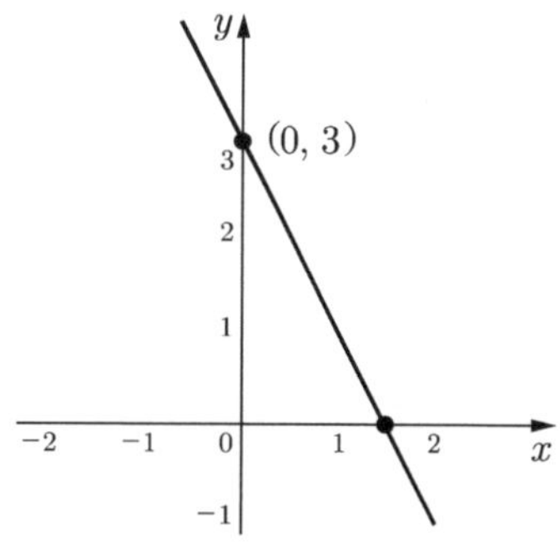

6-8

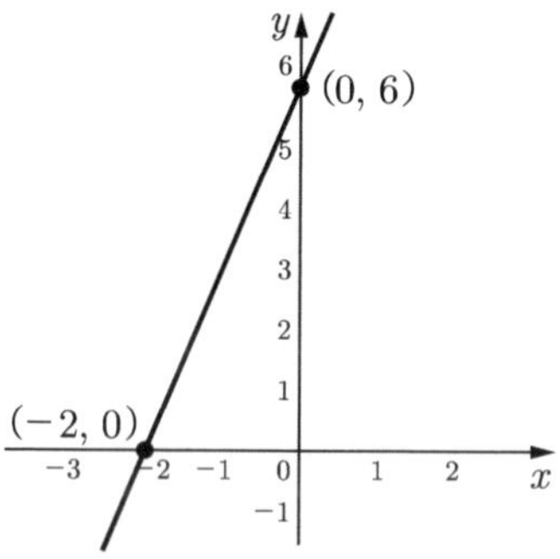

6-9 (1) 위로 오목($\cup$)

(3) 위로 볼록($\cap$)

6-10 (1) 대칭축 : $x=1$, 꼭짓점 : (1, 2)

그래프 :

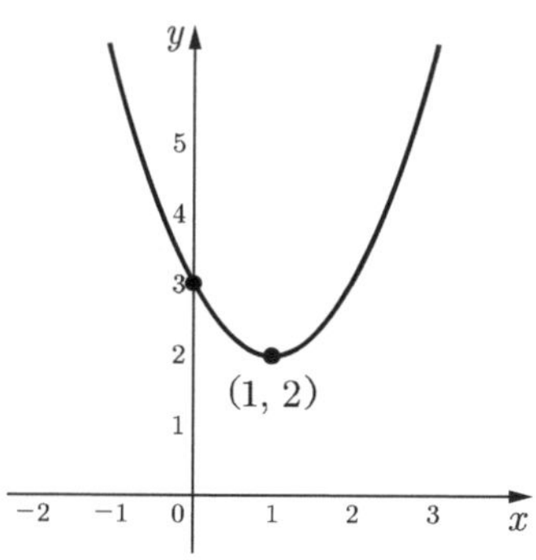

(2) 대칭축 : $x=-1$, 꼭짓점 : $(-1, -3)$

그래프 :

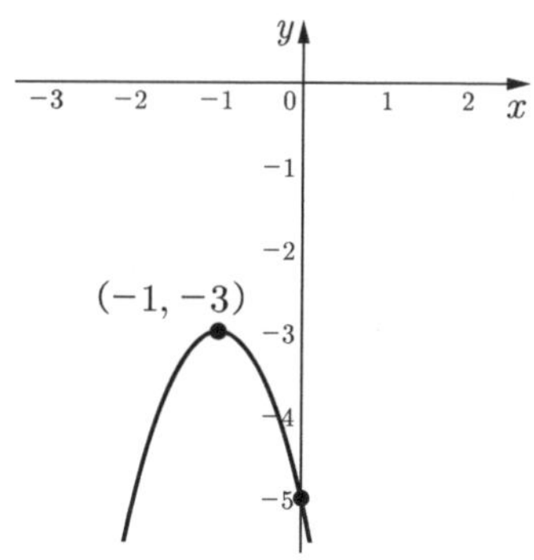

확인문제

6-1 (1) $\{(1, 4), (1, 5), (2, 4), (2, 5), (3, 4), (3, 5)\}$

(2) $\{(4, 1), (4, 2), (4, 3), (5, 1), (5, 2), (5, 3)\}$

6-2 (1)

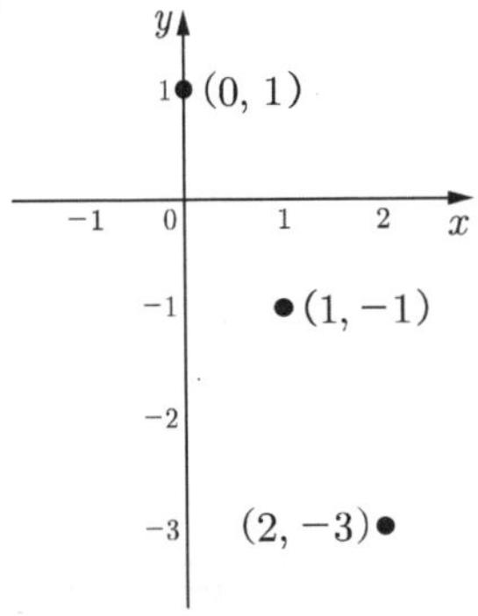

(2)

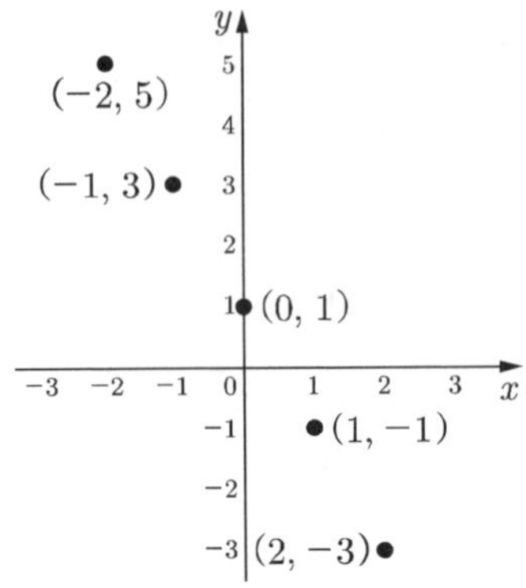

(3)

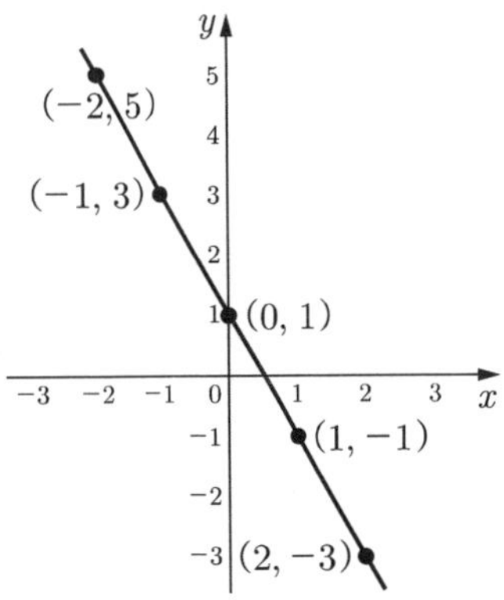

6-3 (1) $a=-1$ (2) $a=-1$

6-4 (1) $y+3=x-2+2$ 또는 $y=x-3$

(2) $2(x-2)+3(y+4)=5$ 또는 $2x+3y=-3$

6-5 (1) $-y=-2x+4$ 또는 $y=2x-4$ (2) $y=2x+4$

(3) $-y=2x+4$ 또는 $y=-2x-4$ (4) $x=-2y+4$ 또는 $y=-\dfrac{1}{2}+2$

6-6 (1) (2) (6)

6-7 (1) 기울기 : -1, y절편 : 1,

그래프 :

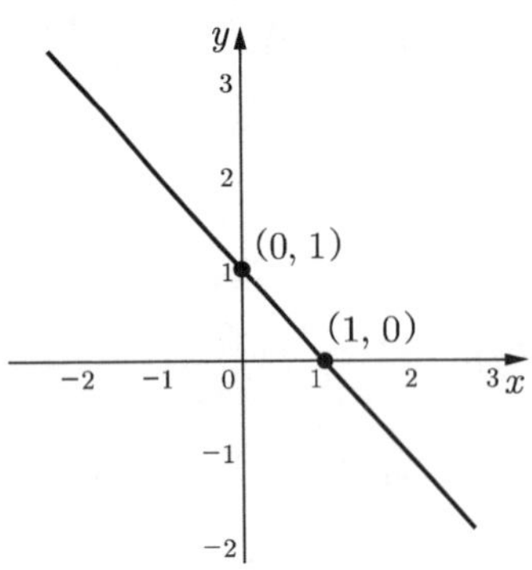

(2) 기울기 : 2, y절편 : -3,

그래프 :

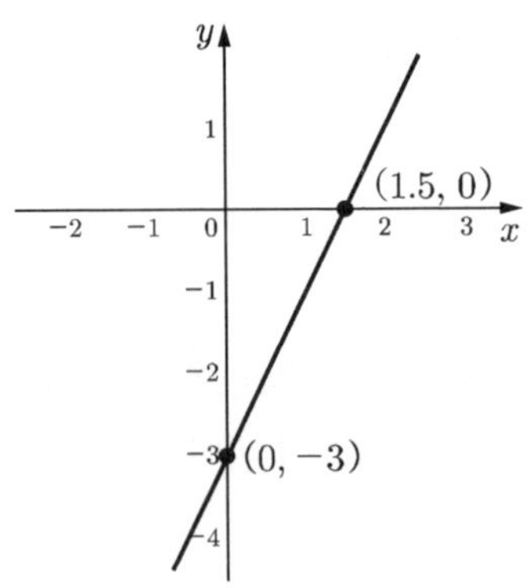

6-8

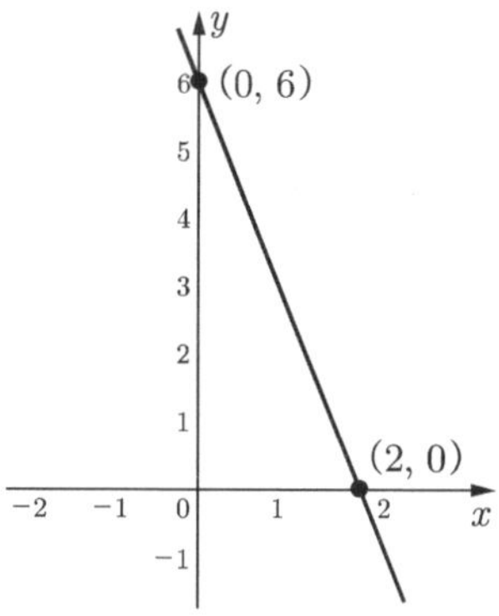

6-9 (1) 위로 오목(∪) (3) 위로 볼록(∩)

6-10 (1) 대칭축 : $x=-1$, 꼭짓점 : $(-1,\ -2)$

그래프 :

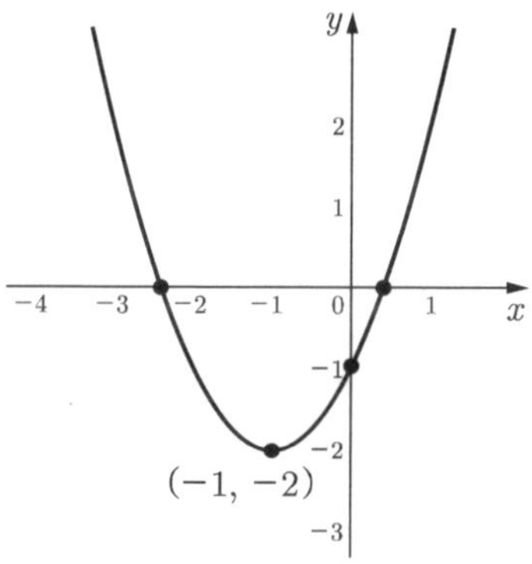

(2) 대칭축 : $x=1$, 꼭짓점 : $(1,\ 3)$

그래프 :

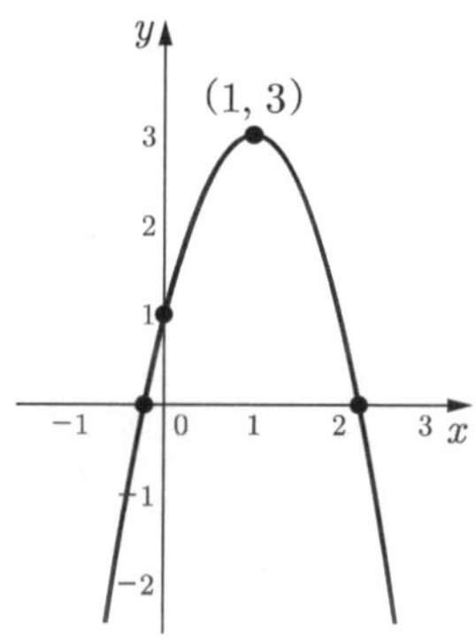

계산기 활용 문제

6-1 (1) 15, $2^{15}=32768$ (2) 10, $2^{10}=1024$

6-2 (1)

x	0	1	2	3	4	5	6	7	8	9	10
$f(x)$	-5	-3	-1	1	3	5	7	9	11	13	15

(2)

x	0	0.2	0.4	0.6	0.8	1	1.2	1.4	1.6	1.8	2
$f(x)$	-5	-4.6	-4.2	-3.8	-3.4	-3	-2.6	-2.2	-1.8	-1.4	-1

6-3 (1) 2 (2) $-\frac{8}{9}$ (3) $\frac{13}{22}$ (4) $\frac{35}{39}$

6-4 (1) $y=2(x-1)+2$ 또는 $y=2(x-3)+6$

(2) $y=-\frac{8}{9}(x+5)+2$ 또는 $y=-\frac{8}{9}(x-4)-6$

(3) $y=\dfrac{13}{22}(x-3.5)+2.8$ 또는 $y=\dfrac{13}{22}(x+5.3)-2.4$

(4) $y=\dfrac{35}{39}\left(x+\dfrac{1}{2}\right)+\dfrac{2}{3}$ 또는 $y=\dfrac{35}{39}\left(x-\dfrac{3}{7}\right)+\dfrac{3}{2}$

6-5 (1) y절편 : 0,

그래프 :

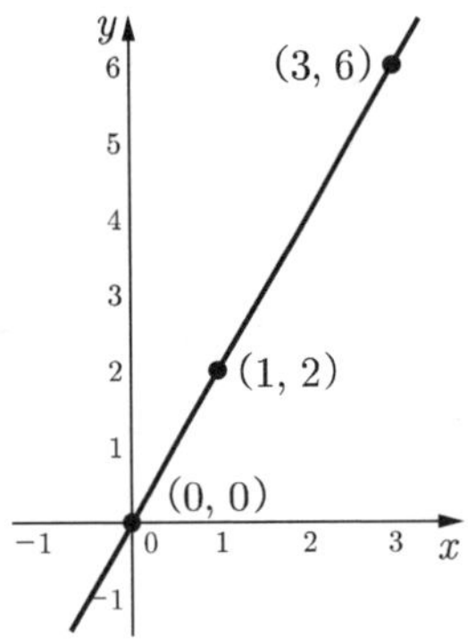

(2) y절편 : $-\dfrac{22}{9}$,

그래프 :

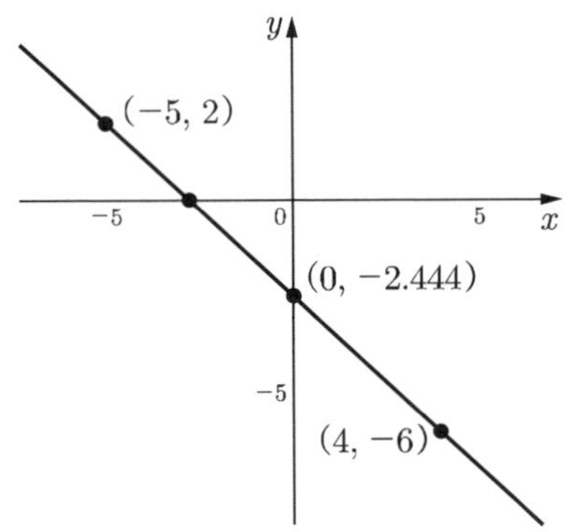

(3) y절편 : $\dfrac{161}{220}$,

그래프 :

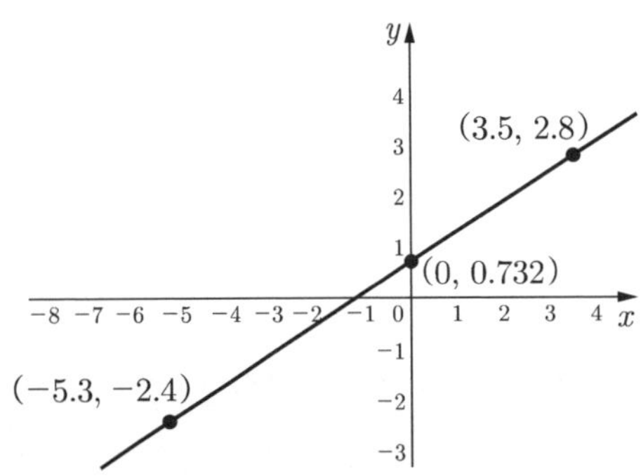

(4) y절편 : $\dfrac{29}{26}$,

그래프 :

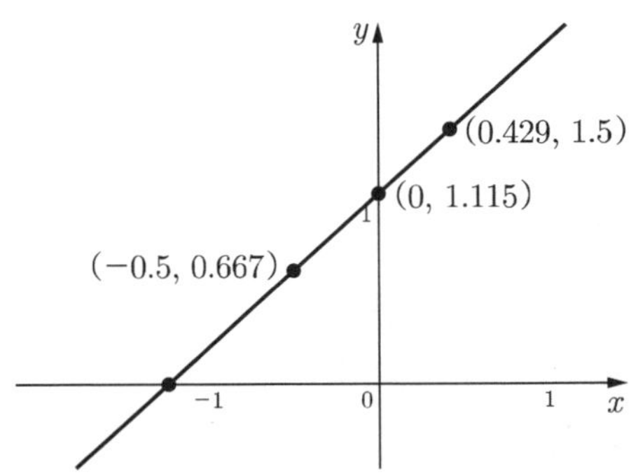

6-6 (1)

x	-5	-4	-3	-2	-1	0	1	2	3	4	5
$f(x)$	35	24	15	8	3	0	-1	0	3	8	15

(2)

x	0	0.2	0.4	0.6	0.8	1	1.2	1.4	1.6	1.8	2
$f(x)$	0	-0.36	-0.64	-0.84	-0.96	-1	-0.96	-0.84	-0.64	-0.36	0

6-7 (1) 대칭축 : $x=1$, 꼭짓점 : $(1,\ -4)$, y절편 : -3, 표준형 : $y=(x-1)^2-4$,

그래프 :

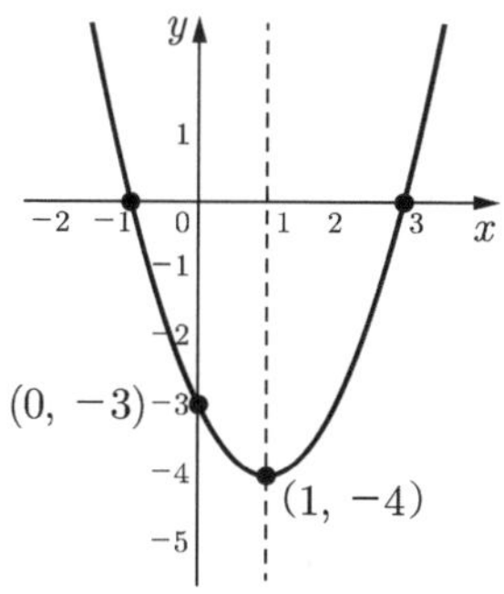

(2) 대칭축 : $x=1$, 꼭짓점 : $(1,\ -8)$, y절편 : -6, 표준형 : $y=2(x-1)^2-8$,

그래프 :

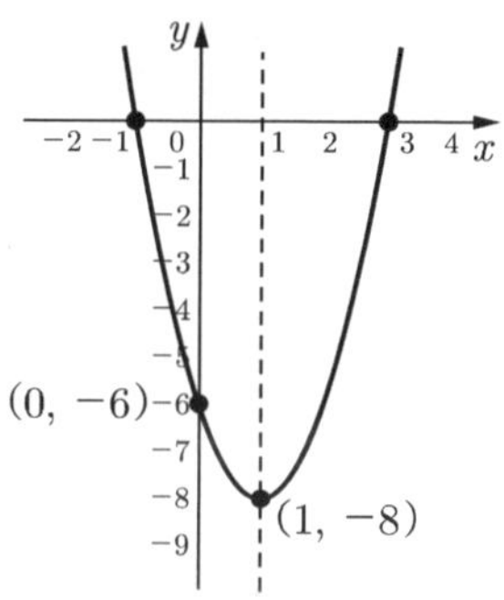

(3) 대칭축 : $x=-\dfrac{27}{10}$, 꼭짓점 : $\left(-\dfrac{27}{10},\ \dfrac{1569}{200}\right)$, y절편 : 4.2,

표준형 : $y=-0.5\left(x+\dfrac{27}{10}\right)^2+\dfrac{1569}{200}$,

그래프 :

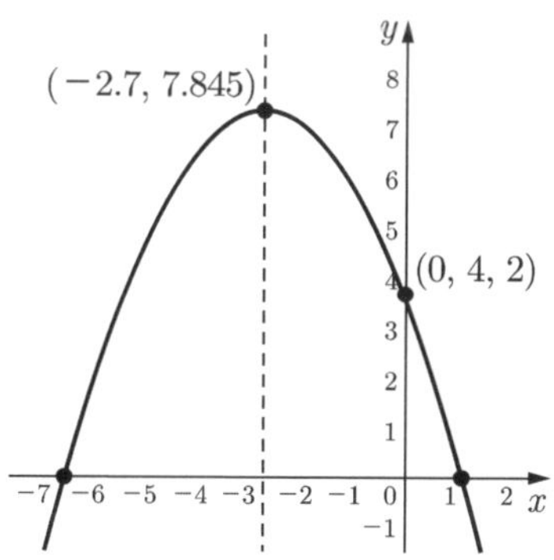

6-8 (1) $x=3$, $x=-1$

(2) $x=3$, $x=-1$

(3) $x=1.261$, $x=-6.661$

연습문제

7-1 (1) $x=4$　(2) $x=7$　(3) 부정　(4) 불능

7-2 (1) $x=9$　(2) $x=-3$　(3) $x=18$　(4) $x=-6$

7-3 (1) $x=2$　(2) $x=-3$

7-4 (1) $x=-1$　(2) $x=-2$　(3) $x=-\frac{5}{9}$　(4) $x=-1$

7-5 (1) $x=3,\ x=-2$　(2) $x=1,\ x=6$

(3) $x=3,\ x=-2$　(4) $x=-3,\ x=3$

7-6 (1) $x=\pm\sqrt{5}$　(2) $x=2,\ x=-4$

7-7 (1) $x=\frac{5\pm\sqrt{37}}{2}$　(2) $x=\frac{-2\pm\sqrt{10}}{3}$

7-8 (1) $D=9$, 2개　(2) $D=0$, 1개(중근)

(3) $D=5$, 2개　(4) $D=-3$, 0개

7-9 (1) $x^2-5x+6=0$　(2) $x^2-2x-1=0$

확인문제

7-1 (1) $x=3$　(2) $x=1$　(3) 부정　(4) 불능

7-2 (1) $x=5$　(2) $x=11$　(3) $x=-18$　(4) $x=4$

7-3 (1) $x=-2$　(2) $x=3$

7-4 (1) $x=-3$　(2) $x=\frac{8}{5}$　(3) $x=-1$　(4) $x=-2$

7-5 (1) $x=-3,\ x=2$　(2) $x=6,\ x=-1$

(3) $x=2,\ x=-3$　(4) $x=4,\ x=-4$

7-6 (1) $x=\pm\sqrt{3}$　(2) $x=1\pm2\sqrt{2}$

7-7 (1) $x=\frac{3\pm\sqrt{37}}{2}$　(2) $x=\frac{4}{3},\ x=-2$

7-8 (1) $(x+3)(x-4)=0$ 또는 $x^2-x-12=0$

(2) $(x-2-\sqrt{3})(x-2+\sqrt{3})=0$ 또는 $x^2-4x+1=0$

7-9 (1) $D=5$, 2개　(2) $D=0$, 1개(중근)

(3) $D=-4$, 0개　(4) $D=25$, 2개

계산기 활용 문제

7-1 (1) $x=-1$　(2) $x=2$　(3) $x=44$　(4) $x=-3.5$

7-2 (1) $h=-7$　(2) $y=-3$

(3) $x=\frac{29}{18}$ 또는 1.611　(4) $\alpha=\frac{75}{74}$ 또는 $\alpha=1.014$

7-3 (1) $y=2.6$　(2) $y=-9.4$　(3) $y=-24.4$

7-4 (1) $x=0$　(2) $x=1.5$

7-5 (1) $x=\pm\frac{2\sqrt{3}}{3}$　(2) $x=4,\ x=-2$　(3) $x=4,\ x=-\frac{1}{3}$

7-6 (1) $x=2,\ x=-4$　(2) $x=\frac{1\pm\sqrt{5}}{2}$

(3) $x=\frac{-21+3\sqrt{249}}{20}$

7-7 (1) $r=0.287,\ r=-1.107$　(2) $t=\frac{-4\pm3\sqrt{6}}{4}$

7-8 (1) $(x-5)(x-7)=0$ 또는 $x^2-12x+35=0$

(2) $\left(x-\frac{7}{4}\right)\left(x-\frac{9}{4}\right)=0$ 또는 $x^2-4x+\frac{63}{16}=0$

(3) $(x-1-\sqrt{3})(x-1+\sqrt{3})=0$ 또는 $x^2-2x-2=0$

(4) $(x-\sqrt{3}-\sqrt{2})(x-\sqrt{3}+\sqrt{2})=0$ 또는 $x^2-2\sqrt{3}x+1=0$

7-9 (1) $D=13$, 2개　(2) $D=-\frac{81}{25}$, 0개

(3) $D=-343$, 0개　(4) $D=84$, 2개

7-10 (1) $x=-1,\ x=2,\ x=1$　(2) $x=2,\ x=4,\ x=3$

(3) $x=-1,\ x=3$(중근)　(4) $x=1,\ x=2,\ x=\frac{3}{2}$

7-11 (1) $x=\pm2,\ x=\pm1$　(2) $x=\pm\sqrt{3},\ x=\pm\sqrt{2}$

연습문제

8-1 $x=5,\ y=1$

8-2 $x=1,\ y=3$

8-3 $x=\frac{7}{5},\ x=\frac{3}{5}$

8-4 (1) 부정　(2) 불능　(3) $x=\frac{7}{2},\ y=-\frac{3}{2}$

8-5 (1) $x=1,\ y=2,\ z=3$　(2) $x=1,\ y=2,\ z=3$

8-6 (1) $a=-2,\ b=-2$　(2) $a=0,\ b=0,\ c=0$

(3) $a=1,\ b=7,\ c=4$

8-7 (1) $\frac{1}{x+2}+\frac{-1}{x+3}$　(2) $\frac{-3}{x}+\frac{5}{x+1}$

(3) $\frac{-\frac{1}{2}}{x+1}+\frac{\frac{1}{6}}{x-1}+\frac{\frac{1}{3}}{x+2}$

8-8 $(3,\ 2)$

확인문제

8-1 $x=5,\ y=-1$

8-2 $x=2,\ y=3$

8-3 $x=1,\ y=-1$

8-4 (1) 부정　(2) 불능　(3) $x=-1,\ y=4$

8-5 (1) $x=3,\ y=2,\ z=1$　(2) $x=3,\ y=2,\ z=1$

8-6 (1) $a=-5,\ b=-2$　(2) $a=2,\ b=-2,\ c=-3$

(3) $a=1,\ b=3,\ c=-6$

8-7 (1) $\frac{-1}{x-1}+\frac{1}{x-2}$　(2) $\frac{-2}{x}+\frac{5}{x-1}$

8-8 (1) $(4,\ -5)$　(2) $(-3,\ 2)$

(3) 부정(교점이 무수히 많다.)　(4) 불능(교점이 없다.)

계산기 활용 문제

8-1 (1) $x=1,\ y=3$ (2) $x=1,\ y=-1$

(3) 불능(해가 없다.)

8-2 (1) $s=6,\ t=-1$ (2) $T_1=\frac{2}{3},\ T_2=\frac{1}{3}$

(3) $u=\frac{3299}{253},\ v=\frac{1465}{253}$

8-3 (1) $x=\frac{6}{5},\ y=\frac{7}{15},\ z=\frac{43}{30}$ (2) $x=-15,\ y=8,\ z=2$

(3) $x=1,\ y=-2,\ z=-2$

8-4 (1) $A=4,\ B=48,\ T=80$ (2) $F_1=\frac{20000}{2121},\ F_2=\frac{25}{3},\ F_3=\frac{5}{3}$

8-5 $x=-\frac{28}{5},\ y=\frac{29}{3}$

8-6 $I_1=-478,\ I_2=-385$

8-7 (1) $a=1,\ b=0,\ c=2$ (2) $a=1,\ b=1.\ c=4$

8-8 (1) $a=2,\ b=5$ (2) $a=1,\ b=-5,\ c=4$

8-9 $I_1=\frac{6}{5},\ I_2=\frac{19}{5},\ I_3=\frac{13}{2}$

8-10 $T=30,\ C=16,\ R=95$

8-11 (1) $\left(\frac{12}{11},\ \frac{27}{11}\right)$ (2) $\left(\frac{192}{121},\ \frac{3631}{12100}\right)$

(3) $(2,\ 1180)$ (4) $\left(\frac{4125}{83},\ \frac{1700}{83}\right)$

연습문제

9-1 (1) $x > 1$ (2) $x \le 5$

9-2 (1) $2 < 2x \le 6$ (2) $-9 \le -3x < -3$

(3) $5 < 2x+3 \le 9$ (4) $-14 \le -4x-2 < -6$

9-3 (1) $x \le -4$

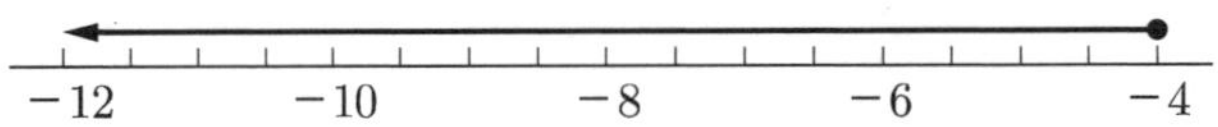

(2) $x > 1$

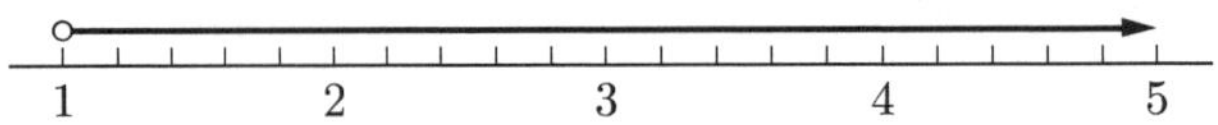

9-4 (1) $x \ge 2$ (2) $x > -3$

9-5 (1) $-2 \le x \le 3$ (2) $x < -2$ 또는 $x > 1$

9-6 (1) $x \ne 3$인 모든 실수 (2) $x = -2$

(3) x는 모든 실수 (4) 해가 없다.

9-7 (1) $-1 \le x < 2$ (2) $-2 \le x < 5$

9-8 (1) $2\sqrt{2}$ (2) $-\sqrt{13} \le 2x+3y \le \sqrt{13}$

확인문제

9-1 (1) $x > -1$ (2) $x \le 5$

9-2 (1) $12 < 2x < 36$ (2) $-54 < -3x < -18$

9-3 (1) $x \le -4$

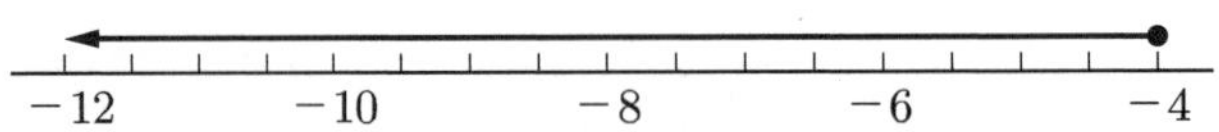

(2) $x > 1$

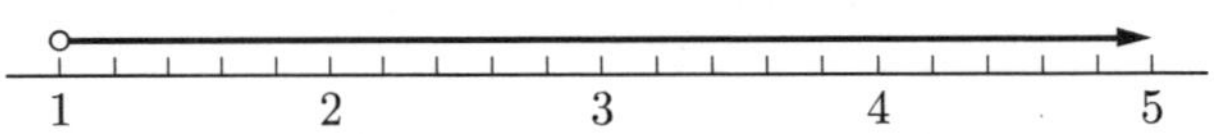

9-4 (1) $x \le -\dfrac{2}{3}$ (2) $x < 0$

9-5 (1) $-3 \le x \le 2$ (2) $x < 1$ 또는 $x > 2$

9-6 (1) x는 모든 실수 (2) 해가 없다.

(3) x는 모든 실수 (4) 해가 없다.

9-7 (1) $-1 \le x < 3$ (2) $-1 < x \le 1$

9-8 (1) 4 (2) $-5 \le 3x+4y \le 5$

계산기 활용 문제

9-1 (1) $x<-1$ (2) $x \geq 2$ (3) $x<44$ (4) $x \leq -3.5$

9-2 (1) $h \leq -7$ (2) $y>-3$ (3) $x \leq \frac{29}{18}$ (4) $\alpha < \frac{75}{74}$

9-3 (1) $y \geq 2.6$ (2) $y \geq -9.4$ (3) $y \geq -24.4$

9-4 (1) $x<-\frac{2\sqrt{3}}{3}$ 또는 $x>\frac{2\sqrt{3}}{3}$

(2) $-4<x<2$ (3) $-\frac{1}{3} \leq x \leq 4$

9-5 (1) $x \leq -4$ 또는 $x \geq 2$ (2) $\frac{1-\sqrt{5}}{2}<x<\frac{1+\sqrt{5}}{2}$

(3) $x<\frac{-21-3\sqrt{249}}{20}$ 또는 $x>\frac{-21+3\sqrt{249}}{20}$

9-6 (1) $-1.107<r<0.287$ (2) $\frac{-4-3\sqrt{6}}{4} \leq t \leq \frac{-4+3\sqrt{6}}{4}$

9-7 (1) 해가 없다. (2) x는 모든 실수

(3) 해가 없다. (4) 해가 없다.

9-8 (1) $\frac{137}{523}<x \leq \frac{730}{399}$ (2) $-\frac{576}{553}<x \leq \frac{5230}{653}$

9-9 (1) $\frac{3\sqrt{190}}{5}$ (2) $-\sqrt{178} \leq 7\sqrt{2}x+4\sqrt{5}y \leq \sqrt{178}$

연습문제

10-1 (1) 제2사분면 (2) 제4사분면 (3) 제3사분면 (4) 제1사분면

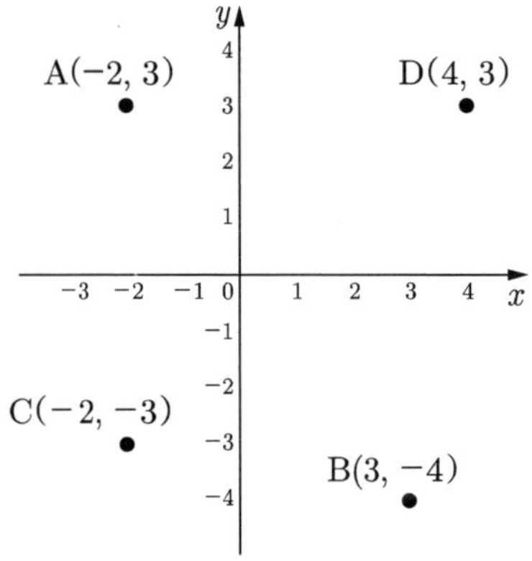

10-2 (1) 5 (2) 5 (3) 10 (4) $2\sqrt{5}$

10-3 (1) $2\sqrt{5}$ (2) $2\sqrt{10}$

10-4 (1) $M(2,\ 4)$ (2) $M(-2,\ 5)$

10-5 (1) 2 (2) -3

10-6 (1) $y=3(x-1)+2$ 또는 $y=3x-1$ (2) $x=1$ (3) $y=2$

(4) $y=2(x-1)+2$ 또는 $y=2(x-3)+6$, 즉 $y=2x$

10-7 (1) x절편 : 3, y절편 : 2 (2) x절편 : 2, y절편 : 4, 기울기 : -2

그래프 :

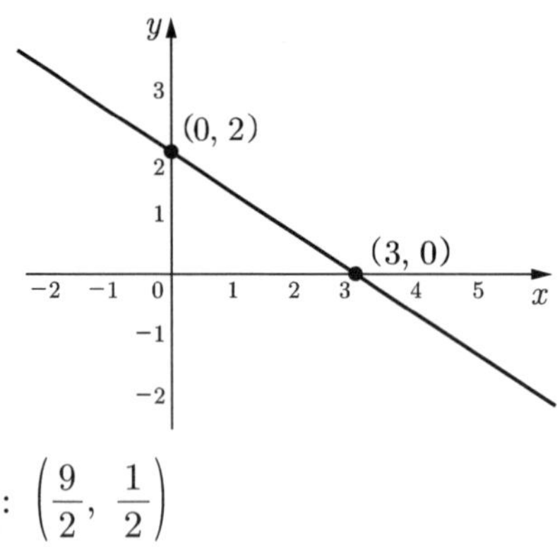

10-8 $m=1$, 교점 : $\left(\frac{9}{2},\ \frac{1}{2}\right)$

10-9 $\frac{2\sqrt{13}}{13}$

확인문제

10-1 (1) 제1사분면 (2) 제4사분면 (3) 제3사분면 (4) 제2사분면

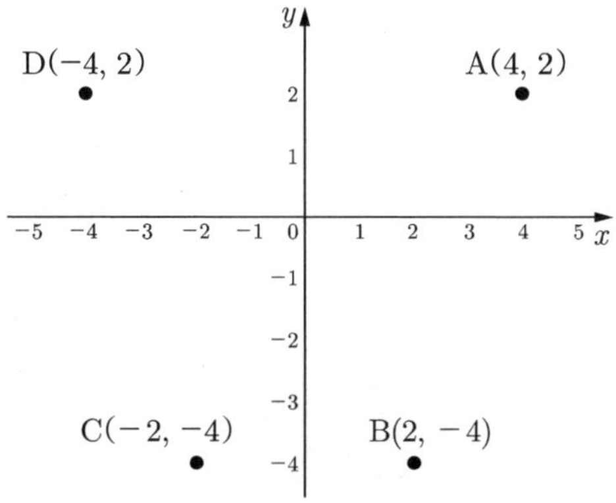

10-2 (1) $\sqrt{2}$ (2) 2 (3) $2\sqrt{5}$ (4) $3\sqrt{2}$

10-3 (1) 3 (2) 3 (3) 5 (4) 13

10-4 (1) $M(2,\ 2)$ (2) $M\left(-\frac{3}{2},\ -\frac{1}{2}\right)$

10-5 (1) $-\frac{1}{4}$ (2) $\frac{1}{2}$ (3) $-\frac{3}{4}$

10-6 (1) $y=\frac{1}{2}(x-2)+1$ 또는 $y=\frac{1}{2}x$ (2) $y=-3(x+2)-1$ 또는 $y=-3x-7$

(3) $m=\frac{3}{2}$, $y=\frac{3}{2}(x+1)+2$ 또는 $y=\frac{3}{2}(x-3)+8$, $y=\frac{3}{2}x+\frac{7}{2}$

10-7 (1) $x=3$ (2) $y=-2$ (3) $y=4$ (4) $x=-4$

10-8 (1) x절편 : 3, y절편 : -2, (2) x절편 : 3, y절편 : $-\frac{3}{2}$

그래프 :

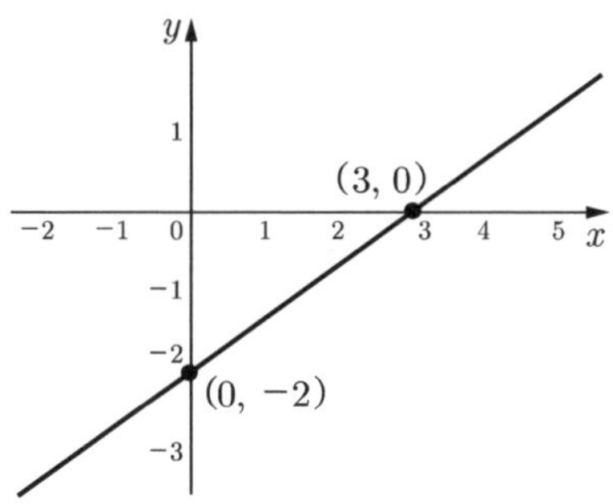

10-9 (1) $\frac{3}{2}$ (2) $-\frac{6}{7}$

10-10 (1) $\frac{2\sqrt{13}}{13}$ (2) $\frac{7\sqrt{10}}{10}$

10-11 (1) $(3,\ 7)$ (2) $(2,\ 5)$ (3) $\left(\frac{28}{13},\ -\frac{36}{13}\right)$

10-12 $m=-\frac{1}{2}$, $\left(\frac{2}{5}, \frac{14}{5}\right)$

계산기 활용 문제

10-1 (1) $\sqrt{41}$ (2) $\sqrt{185}$

10-2 (1) $5\sqrt{2}$ (2) $\sqrt{130}$ (3) 2.725 (4) 10.741

10-3 (1) $M\left(\frac{1}{2}, -3\right)$ (2) $M\left(1, \frac{3}{2}\right)$

(3) $M\left(-\sqrt{2}, \frac{7\sqrt{2}}{2}\right)$ (4) $M\left(\frac{3\sqrt{5}+2\sqrt{3}}{2}, -\sqrt{5}-2\sqrt{2}\right)$

10-4 (1) $4+2\sqrt{29}$ (2) $8+8\sqrt{5}$

10-5 (1) $\frac{4}{5}$ (2) $\frac{13}{4}$ (3) $\frac{131}{239}$ (4) $\frac{1}{8}$

10-6 (1) $y=\frac{4}{5}(x-3)-1$ 또는 $y=\frac{4}{5}(x+2)-5$, 즉 $y=\frac{4}{5}x-\frac{17}{5}$

(2) $y=\frac{13}{4}(x-3)+8$ 또는 $y=\frac{13}{4}(x+1)-5$, 즉 $y=\frac{13}{4}x-\frac{7}{4}$

(3) $y=\frac{131}{239}(x-1.22)-3.45$ 또는 $y=\frac{131}{239}(x+1.17)-4.76$,

즉 $y=\frac{131}{239}x-4.119$

(4) $y=\frac{1}{8}(x-\sqrt{18})+\sqrt{32}$ 또는 $y=\frac{1}{8}(x+\sqrt{50})+\sqrt{18}$,

즉 $y=\frac{1}{8}x+\frac{29\sqrt{2}}{8}$

10-7 (1) x절편 : -3, y절편 : 2,

그래프 :

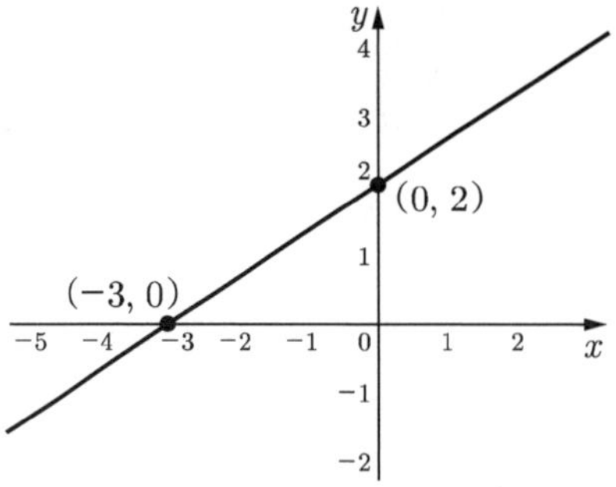

(2) x절편 : $\frac{343}{123}$, y절편 : $-\frac{343}{548}$,

그래프 :

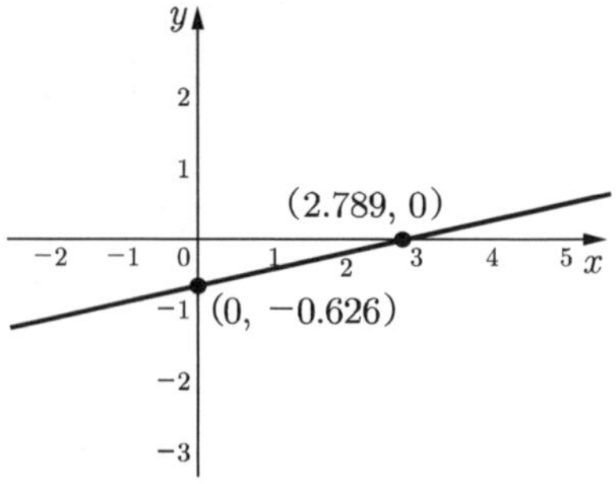

(3) x절편 : $-3\sqrt{2}$, y절편 : $2\sqrt{3}$,

그래프 :

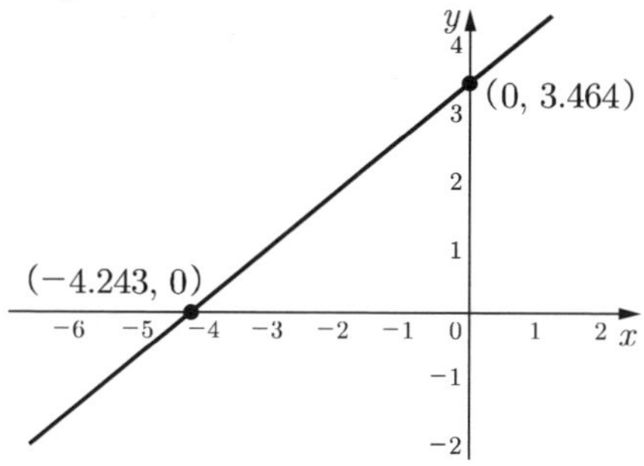

10-8 (1) $-\dfrac{5}{4}$ (2) $-\dfrac{4}{13}$ (3) $-\dfrac{239}{131}$ (4) -8

10-9 (1) 2.313 (2) 6.229

10-10 1.735

10-11 (1) $(3,\ -5),\ (4,\ 7),\ (-2,\ 3)$

(2) $\left(\dfrac{6}{5},\ -\dfrac{3}{2}\right),\ \left(\dfrac{7}{2},\ \dfrac{29}{10}\right),\ \left(-\dfrac{21}{5},\ -\dfrac{28}{5}\right)$

연습문제

11-1 (1) $(x-1)^2+(y-2)^2=9$ (2) $(x+1)^2+(y-2)^2=2$

(3) $(x-1)^2+(y+2)^2=10$

11-2 중심 : $(-1,\ 2)$, 반지름 : 3

11-3 (1) $(x-3)^2+(y+1)^2=4$

(2) $(-x-1)^2+(y-2)^2=4$ 또는 $(x+1)^2+(y-2)^2=4$

11-4 $(2,\ -2)$, $(-2,\ 2)$

11-5 $d=5$, $r+r'=5$, 외부에서 접한다.

11-6 (1) 3 (2) 7

11-7 x절편 : -2, 2, y절편 : -3, 3, 장축의 길이 : 6, 단축의 길이 : 4, 타원의 중심 : (0, 0)

그래프 :

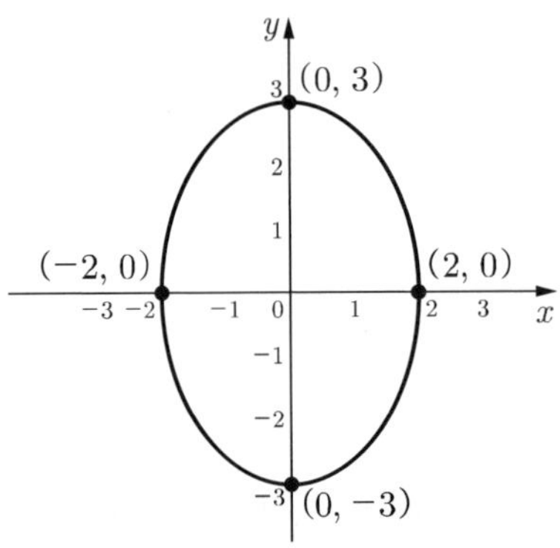

11-8 $\left(\frac{\sqrt{3}}{2},\ -\frac{\sqrt{3}}{2}\right)$, $\left(-\frac{\sqrt{3}}{2},\ \frac{\sqrt{3}}{2}\right)$

확인문제

11-1 (1) $(x-1)^2+(y-2)^2=9$ (2) $(x+1)^2+(y-2)^2=16$

(3) $(x+2)^2+(y-1)^2=\frac{1}{4}$ (4) $(x-2)^2+(y-1)^2=2$

11-2 (1) 중심 : $(1,\ 2)$, 반지름 : 3 (2) 중심 : $(2,\ 2)$, 반지름 : 3

11-3 (1) $(x+3)^2+(y-7)^2=6$

(2) $(x+1)^2+(-y-3)^2=6$ 또는 $(x+1)^2+(y+3)^2=6$

11-4 (1) $(2,\ 2)$, $(-2,\ -2)$ (2) $(1,\ 1)$

11-5 $d=5$, $r+r'=4$, 한 원이 다른 원의 외부에 있다.

11-6 (1) 3 (2) 1

11-7 (1) 2 (2) 1

11-8 (1) x절편 : -2, 2, y절편 : 4, -4, 장축의 길이 : 8, 단축의 길이 : 4, 타원의 중심 : $(0,\ 0)$

그래프 :

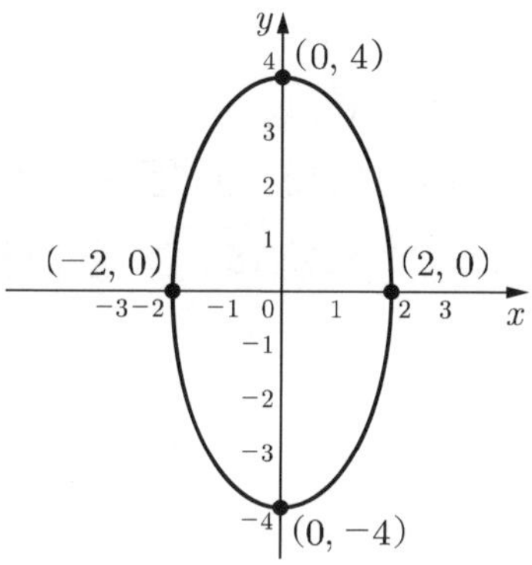

(2) x절편 : -3, 3, y절편 : 2, -2, 장축의 길이 : 6, 단축의 길이 : 4, 타원의 중심 : $(0,\ 0)$

그래프 :

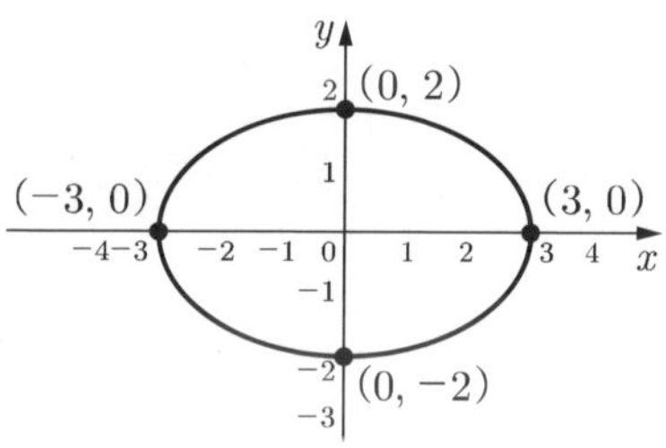

(3) x절편 : 3, -3, y절편 : 4, -4, 장축의 길이 : 8, 단축의 길이 : 6, 타원의 중심 : $(0,\ 0)$

그래프 :

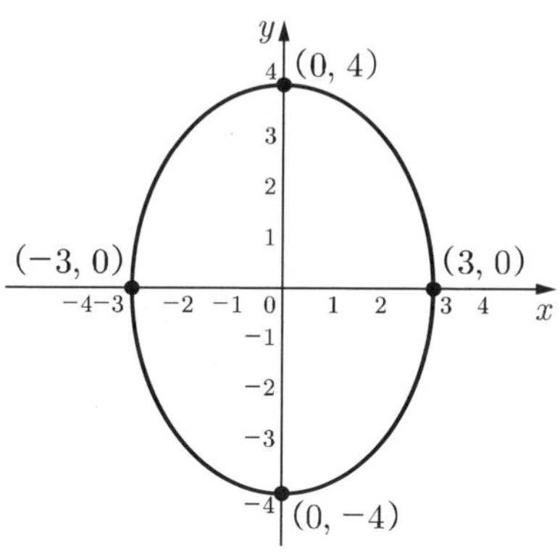

11-9 (1) $\left(-\frac{\sqrt{3}}{2},\ -\frac{\sqrt{3}}{2}\right)$, $\left(\frac{\sqrt{3}}{2},\ \frac{\sqrt{3}}{2}\right)$ (2) $(-1,\ 2)$

계산기 활용 문제

11-1 (1) $(x-1)^2+(y-2)^2=2$ (2) $(x+1)^2+(y-2)^2=61$

(3) $(x+2)^2+(y-1)^2=4$ (4) $(x-2)^2+(y-1)^2=20$

11-2 (1) $x^2+2x+y^2-4y-5=0$ (2) $x^2-4x+y^2-8y-25=0$

11-3 (1) 중심 : $(-1,\ 2)$, 반지름 : $\sqrt{10}$ (2) 중심 : $(2,\ 4)$, 반지름 : $3\sqrt{5}$

11-4 (1) $(1,\ 1)$

(2) $(4-\sqrt{14},\ 2-\sqrt{14})$, $(4+\sqrt{14},\ 2+\sqrt{14})$

11-5 (1) $d=5$, $r+r'=4+2\sqrt{2}=6.828$, $r\sim r'=4-2\sqrt{2}=1.172$, 두 점에서 만난다.

(2) $d=\sqrt{89}=9.434$, $r+r'=\sqrt{6}+2\sqrt{2}=5.278$, 한 원이 다른 원의 외부에 있다.

11-6 (1) 4.803 (2) $\dfrac{-26+8\sqrt{13}}{13}$

11-7 (1) $-3+\sqrt{61}=4.810$ (2) $\sqrt{34}-3\sqrt{2}=1.588$

11-8 (1) x절편 : $-4\sqrt{2}$, $4\sqrt{2}$, y절편 : -4, 4, 장축의 길이 : $8\sqrt{2}$,

단축의 길이 : 8, 타원의 중심 : $(0,\ 0)$

(2) x절편 : $-2\sqrt{2}$, $2\sqrt{2}$, y절편 : $-\sqrt{6}$, $\sqrt{6}$, 장축의 길이 : $4\sqrt{2}$,

단축의 길이 : $2\sqrt{6}$, 타원의 중심 : $(0,\ 0)$

(3) x절편 : $-2\sqrt{2}$, $2\sqrt{2}$, y절편 : -4, 4, 장축의 길이 : 8,

단축의 길이 : $4\sqrt{2}$, 타원의 중심 : $(0,\ 0)$

11-9 (1) $(-1,\ 0)$, $\left(\dfrac{1}{2},\ \dfrac{3}{2}\right)$

(2) $\left(\dfrac{-2-2\sqrt{6}}{5},\ \dfrac{8-2\sqrt{6}}{5}\right)$, $\left(\dfrac{-2+2\sqrt{6}}{5},\ \dfrac{8+2\sqrt{6}}{5}\right)$

연습문제

12-1 (1) 5　(2) $\frac{1}{2}$　(3) -2　(4) 8

12-2 (1) $3^{\frac{5}{6}}$　(2) x^{-1}　(3) $\sqrt{3}\,x^2$　(4) 2^6

(5) $\sqrt[6]{a^7}$　(4) $\sqrt[6]{a^{17}}$

12-3 (1)

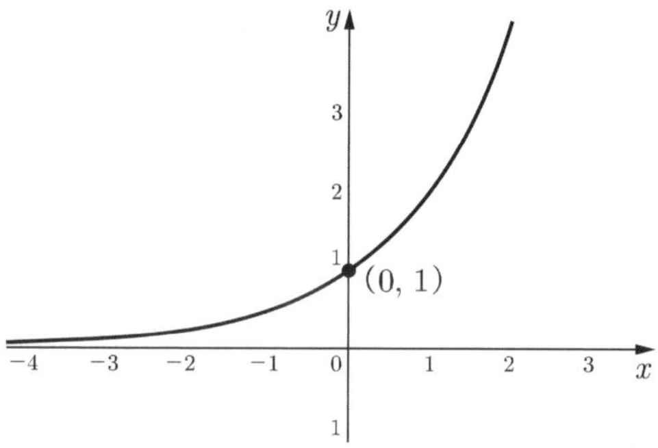

(2)

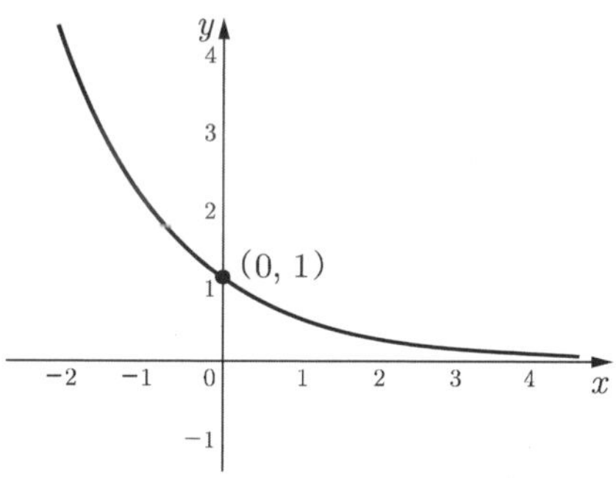

12-4 (1) $y-2=2^{x-3}$ 또는 $y=2^{x-3}+2$　(2) $y-3=2^{x+2}$ 또는 $y=2^{x+2}+3$

(3) $-y=2^x$ 또는 $y=-2x$　(4) $y=2^{-x}$ 또는 $y=\left(\frac{1}{2}\right)^x$

12-5 (1) $x=\frac{5}{2}$　(2) $x=0,\ x=3$　(3) $x=0,\ x=2$

12-6 (1) $2.03\times10^4=20300$　(2) $-2.94\times10^6=-29400$

(3) $6\times10^6=6000000$　(4) $2\times10^{-2}=\frac{1}{50}$

12-7 (1) 5.4×10^9　(2) 4×10^{-6}

확인문제

12-1 (1) 4　(2) $\frac{1}{5}$　(3) -3　(4) $2^{\frac{9}{2}}$ 또는 $16\sqrt{2}$

12-2 (1) $a^{\frac{1}{2}}$　(2) $2^{\frac{1}{6}}$　(3) $2a^3$　(4) $\frac{1}{2^{18}}$

(5) $\sqrt[6]{a^5}$　(6) $\sqrt[3]{2^{17}}$

12-3 (1)

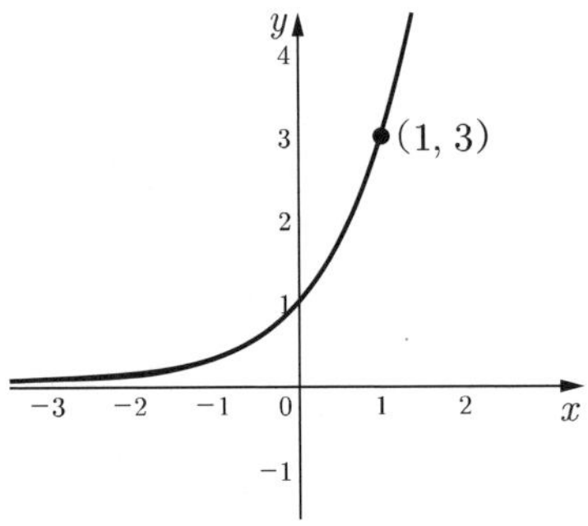

(2)

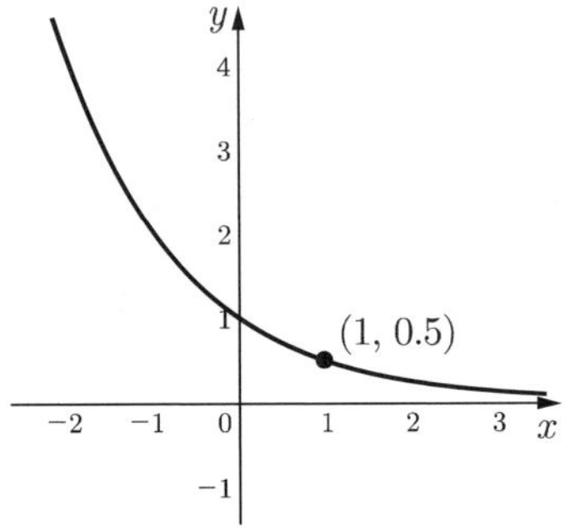

12-4 (1) $y-2=\left(\frac{1}{2}\right)^{x-3}$ 또는 $y=\left(\frac{1}{2}\right)^{x-3}+2$

(2) $y-2=\left(\frac{1}{2}\right)^{x+2}$ 또는 $y=\left(\frac{1}{2}\right)^{x+2}+2$

(3) $-y=\left(\frac{1}{2}\right)^{x}$ 또는 $y=-\left(\frac{1}{2}\right)^{x}$

(4) $y=\left(\frac{1}{2}\right)^{-x}$ 또는 $y=2^x$

12-5 (1) $x=\frac{3}{2}$　(2) $x=0,\ x=3$　(3) $x=2,\ x=3$

12-6 (1) 5.002×10^5　(2) 2.93×10^4　(3) 1.2×10^8　(4) 3×10^3

12-7 (1) 11×10^6　(2) 2×10^6

계산기 활용 문제

12-1 (1) 2　(2) -8　(3) $\frac{3}{10}$　(4) 1.587

12-2 (1) 3　(2) 1.933　(3) 1.513　(4) 1.662

12-3 (1) 8　(2) 1　(3) 6

12-4 (1) 1.682　(2) 2.408　(3) 0.054　(4) 0.082

12-5 (1) 1.189　(2) 1.900　(3) 0.486

12-6 (1) 18.931　(2) 2.175　(3) 4

12-7 (1) $2^{30} < 3^{20}$ (2) $\sqrt[4]{10} > \sqrt[3]{5}$ (3) $\sqrt[3]{3} > \sqrt{2} > \sqrt[6]{6}$

12-8 (1) 15.029 (2) 0.096 (3) 9.214

12-9 (1) $x = -2$ (2) $x = 1.75$ (3) $x = -0.5$

12-10 $x = 0$ (초기값 : 0) 또는 $x = 1$ (초기값 : 5)

12-11 (1) 2.86×10^{-2} (2) 5.6763×10^{3}

(3) 1.65791×10^{4} (4) 1.772×10^{-4}

12-12 (1) 224.155×10^{-6} (2) 1.215×10^{-3}

(3) 19.510×10^{-3} (또는 0.020) (4) 533.058×10^{-9}

연습문제

13-1 (1) $3=\log_2 8$　(2) $0=\log_3 1$　(3) $2=\log_{10}100$　(4) $-5=\log_2\left(\frac{1}{32}\right)$

(5) $\frac{1}{3}=\log_8 2$　(6) $-\frac{1}{2}=\log_2\left(\frac{1}{\sqrt{2}}\right)$

13-2 (1) $8=2^3$　(2) $1=3^0$　(3) $\frac{1}{16}=2^{-4}$　(4) $10000=10^4$

(5) $0.000001=10^{-6}$　(6) $\sqrt{8}=2^{\frac{3}{2}}$

13-3 (1) 0　(2) 0　(3) 1

(4) 1　(5) 3　(6) 25

13-4 (1) 5　(2) 2　(3) $\frac{1}{2}$

(4) $\log_{10}2$　(5) $\frac{9}{2}$

13-5 (1) 2　(2) 1　(3) 5

13-6 (1) 5　(1) 18　(3) 1　(4) 5

13-7 (1) $y+3=\log_2(x-2)$ 또는 $y=\log_2(x-2)-3$

(2) $y=\log_2(-x)$

(3) $x=\log_2 y$ 또는 $y=2^x$

13-8 (1) $x=9$　(2) $\frac{1}{2}\log_2 10$ 또는 1.661

(3) $x=1,\ x=9$

확인문제

13-1 (1) $4=\log_3 81$　(2) $0=\log_5 1$

(3) $5=\log_{10}100000$　(4) $-3=\log_4\left(\frac{1}{64}\right)$

(5) $\frac{1}{4}=\log_{81}3$　(6) $-\frac{1}{3}=\log_2\left(\frac{1}{\sqrt[3]{2}}\right)$

13-2 (1) $81=3^4$　(2) $1=7^0$

(3) $\frac{1}{9}=3^{-2}$　(4) $1000000=10^6$

(5) $0.00001=10^{-5}$ (6) $\sqrt{27}=3^{\frac{3}{2}}$

13-3 (1) 0 (2) 0 (3) 1
(4) 1 (5) 5 (6) 12

13-4 (1) 5 (2) 3 (3) $\frac{1}{2}$
(4) $\log_{10}2$ 또는 0.301 (5) $2\log_2 5$ 또는 4.649

13-5 (1) 3 (2) 1 (3) 1

13-6 (1) 8 (2) 13 (3) 1 (4) 13

13-7 (1) $y-3=\log_{\frac{1}{2}}(x+2)$ 또는 $y=\log_{\frac{1}{2}}(x+2)+3$
(2) $-y=\log_{\frac{1}{2}}x$ 또는 $y=-\log_{\frac{1}{2}}x$
(3) $x=\log_{\frac{1}{2}}y$ 또는 $y=\left(\frac{1}{2}\right)^x$ 또는 $y=2^{-x}$

13-8 (1) $x=3^{-4}$ (2) $x=9$ (3) $x=\log_3 6+1$ (4) $x=1,\ x=4$

계산기 활용 문제

13-1 (1) 6 (2) -3 (3) -5

13-2 (1) -3 (2) 1.477 (3) 2.653

13-3 (1) $\frac{3}{2}=1.5$ (2) 3 (3) 1.144 (4) -1.726

13-4 (1) 4 (2) 4 (3) 0 (4) $\frac{3}{2}$
(5) 2.450 (6) 13 (7) 17 (8) 4.614

13-5 (1) 4 (2) 3 (3) 4.830

13-6 (1) $\frac{5}{6}$ (2) 1

13-7 (1) 70 (2) 10 (3) 42

13-8 (1) 10 (2) 28 (3) 5

13-9 (1) $x=0.012$ 또는 $x=3^{-4}$ (2) $x=-1$
(3) $x=2.631$ 또는 $x=\log_3 6+1$
(4) $x=1$ (초기값 : 0) 또는 $x=4$ (초기값 : 10)

13-10 (1) 531439 (2) $x=1.894$ (3) $x=0.823$
(4) $x=3.534$ (5) $x=318.162$ (6) $x=1.746$

연습문제

14-1 (1) $90°$ (2) $150°$ (3) $30°$ (4) $270°$

14-2 (1) $\frac{5}{18}\pi$ (2) $\frac{13}{18}\pi$ (3) $108°$ (4) $540°$

14-3 (1) 제3사분면의 각 (2) 제1사분면의 각

14-4 (1) $\frac{\sqrt{3}}{2}$ (2) $-\frac{\sqrt{3}}{2}$ (3) 1

14-5 (1) $-$ (2) $-$ (3) $+$

14-6 (1) $(\sin\theta+\cos\theta)^2=\sin^2\theta+2\sin\theta\cos\theta+\cos^2\theta$

$$=\sin^2\theta+\cos^2\theta+2\sin\theta\cos\theta=1+2\sin\theta\cos\theta$$

(2) $(\sin\theta+\cos\theta)(\sin\theta-\cos\theta)=\sin^2\theta-\cos^2\theta$

$$=(1-\cos^2\theta)-\cos^2\theta=1-2\cos^2\theta$$

14-7 (1) $-\frac{1}{2}$ (2) $\frac{1}{2}$ (3) -1

확인문제

14-1 (1) $45°$ (2) $120°$ (3) $135°$ (4) $45°$

14-2 (1) $\frac{2}{9}\pi$ (2) $\frac{5}{6}\pi$ (3) $300°$ (4) $720°$

14-3 (1) 제2사분면 (2) 제3사분면 (3) 제1사분면 (3) 제4사분면

14-4 (1) 제2사분면 (2) 제3사분면 (3) 제4사분면 (4) 제1사분면

14-5 (1) $-\frac{1}{2}$ (2) $\frac{1}{2}$ (3) -1 (4) 1

14-6 (1) $-$ (2) $-$ (3) $-$

14-7 (1) $(\sin\theta-\cos\theta)^2=\sin^2\theta-2\sin\theta\cos\theta+\cos^2\theta$

$$=\sin^2\theta+\cos^2\theta-2\sin\theta\cos\theta=1-2\sin\theta\cos\theta$$

(2) $\frac{\cos\theta}{1+\sin\theta}+\frac{1+\sin\theta}{\cos\theta}=\frac{\cos^2\theta}{(1+\sin\theta)\cos\theta}+\frac{(1+\sin\theta)^2}{(1+\sin\theta)\cos\theta}$

$$=\frac{\cos^2\theta+(1+\sin\theta)^2}{(1+\sin\theta)\cos\theta}=\frac{\cos^2\theta+1+2\sin\theta+\sin^2\theta}{(1+\sin\theta)\cos\theta}$$

$$= \frac{\cos^2\theta + \sin^2\theta + 1 + 2\sin\theta}{(1+\sin\theta)\cos\theta} = \frac{1+1+2\sin\theta}{(1+\sin\theta)\cos\theta}$$

$$= \frac{2(1+\sin\theta)}{(1+\sin\theta)\cos\theta} = \frac{2}{\cos\theta}$$

14-8 (1) $-\frac{\sqrt{3}}{2}$ (2) $\frac{\sqrt{3}}{2}$ (3) $-\frac{\sqrt{3}}{3}$

계산기 활용 문제

14-1 (1) $\frac{4}{15}\pi$ (2) $\frac{35}{12}\pi$ (3) $-\frac{41}{9}\pi$
(4) $75°$ (5) $600°$ (6) $28.649°$

14-2 (1) $\frac{\sqrt{3}}{2}$ (2) $-\frac{\sqrt{2}}{2}$ (3) $-\frac{\sqrt{3}}{3}$

14-3 (1) $\frac{\sqrt{3}}{2}$ (2) $\frac{1}{2}$ (3) 1 (4) $2+\sqrt{3}$

14-4 (1) $-\frac{1}{2}$ (2) $\frac{\sqrt{2}}{2}$ (3) 1

14-5 (1) $\sin\theta < 0$, $\cos\theta > 0$, $\tan\theta < 0$ (2) $\sin\theta < 0$, $\cos\theta < 0$, $\tan\theta > 0$

14-6. (1) $\frac{2+\sqrt{2}}{4}$ (2) $\frac{3\sqrt{6}-\sqrt{2}}{4}$

14-7 (1) $\frac{\sqrt{6}-\sqrt{2}}{4}$ (2) $\frac{\sqrt{6}+\sqrt{2}}{4}$ (3) $2-\sqrt{3}$

14-8 (1) $\frac{2-\sqrt{3}}{4}$ (2) $\frac{2+\sqrt{3}}{4}$ (3) 0 (4) 0

14-9 (1) $\frac{1}{8}$ (2) 0

14-10 (1) $\frac{1+\sqrt{3}}{2}$ (2) $\frac{\sqrt{3}}{3}$ (3) 0

14-11 (1) $30°$ (2) $-30°$ (3) $60°$
(4) $135°$ (5) $60°$ (6) $-45°$

14-12 (1) $110.849°$ (2) $57.310°$ (3) $74.972°$

부록 : 공학용 계산기 사용법

학습 목표

(1) 공학용 계산기의 모드와 설정 변경을 할 수 있다.
(2) 식을 입력하고 계산할 수 있다.
(3) 변수를 활용하여 문자식의 값을 계산할 수 있다.

A-1 계산기 시작

- 계산기 모델 : fx-570 또는 fx-991 기준
- 전원 켜기 : [ON]
- 전원 끄기 : [SHIFT] [AC] (OFF)
- 전체 초기화 : [SHIFT] [9] (CLR) [3] [=] [AC]

Clear? 1:Setup 2:Memory 3:All	Reset All? [=] :Yes [AC] :Cancel	Reset All Press [AC] key

- 계산 모드 : [MODE]

1:COMP 2:CMPLX 3:STAT 4:BASE-N 5:EQN 6:MATRIX 7:TABLE 8:VECTOR	
입력 방법	계산 모드
[MODE] [1] (COMP)	**표준 계산(초기모드)**
[MODE] [2] (CMPLX)	복소수 계산
[MODE] [3] (STAT)	통계 및 회귀 계산
[MODE] [4] (BASE-N)	진법 계산
[MODE] [5] (EQN)	방정식 계산
[MODE] [6] (MATRIX)	행렬 계산
[MODE] [7] (TABLE)	함수 표작성
[MODE] [8] (VECTOR)	벡터 계산

- 계산 시행 : 식 입력 후 [=]
- 화면 초기화 : [AC]

보기 A-1 다음을 계산하여라. 계산 후 화면을 초기화하여라.

$$122 \times 56 + 42 \times (-57)$$

1 2 2 × 5 6 + 4 2 × ((-) 5 7) = [식 입력 후 =을 눌러 계산]	122×56+42×(-57) 4438
AC [화면 초기화]	Math

A-2 수식 입력 기본 규칙 및 표시 전환

- 계산 순서 : 괄호 > 함수 > 거듭제곱 > 분수 > 곱셈 > 나눗셈
- 괄호 계산 순서 : 가장 안쪽에 있는 괄호부터 (별도의 괄호 구분이 없음)
- 공학용 계산기는 사칙연산 및 괄호 계산 순서를 자동으로 판단
- 함수 입력 마침 : 오른쪽 괄호)
- 소수 표현과 수식 표현 상호 전환 : S⇔D

0.15 $\frac{3}{20}$	0.15 0.15	0.15 $\frac{3}{20}$
0 • 1 5 =	[소수 전환] S⇔D	[수식 전환] S⇔D

보기 A-2 다음을 계산하고 소수로 나타내어라.

$$4 \times \sin 60$$

4 × sin 6 0) =	4×sin(60) $2\sqrt{3}$
S⇔D [소수 전환]	4×sin(60) 3.464101615

A-3 기본 수식 입력

• 기본 수식 입력 방법

계산식	입력 방법
$\frac{2}{3}$	[2] [▭/▭] [3] 또는 [▭/▭] [2] [▼] [3]
3^2	[3] [x^2]
4^3	[4] [x^3] ([SHIFT] [x^2])
2^8	[2] [$x^{■}$] [8]
$\sqrt{2}$	[√▭] [2]
$\sqrt[3]{2}$	[SHIFT] [√▭] (^{3}√▭) [2]
$\sqrt[5]{4}$	([SHIFT] [$x^{■}$]) (■√▭) [5] [▶] [4]
7^{-1}	[7] [x^{-1}]
$10^{2.7}$	[SHIFT] [log] ($10^{■}$) [2] [·] [7]
π, e	[SHIFT] [×10^x], [ALPHA] [×10^x]
e^5	[SHIFT] [ln] ($e^{■}$) [5]
-5	[(−)] [5] 또는 [−] [5]
$\|-2\|$	[SHIFT] [hyp] [−] [2]
$\|\pi-3.14\|$	[SHIFT] [hyp] [SHIFT] [×10^x] [−] [3] [·] [1] [4]

보기 A-3 계산기를 초기화하고 다음을 계산하여라.

(1) $\dfrac{1+\sqrt{2}}{2+\sqrt{2}}$

(2) $\dfrac{1}{2}\times(-1)+4\times(-1)^3-3$

(3) $-2^2\times\left[-2\div 6+\dfrac{5}{2}\times\left(-2-(-4)^2\right)\right]$

(4) $|\sqrt{5}-1|+|\sqrt{5}-2|+|\sqrt{5}-3|+|\sqrt{5}-4|$

키 입력	화면
[SHIFT] [9] [3] [=] [AC] [초기화] [■/■] [1] [+] [√■] [2] [▶] [▼] [2] [+] [√■] [2] [=]	Math ▲ $\frac{1+\sqrt{2}}{2+\sqrt{2}}$ $\frac{\sqrt{2}}{2}$
[1] [■/■] [2] [▶] [×] [(] [(−)] [1] [)] [+] [4] [×] [(] [(−)] [1] [)] [$x^{■}$] [3] [▶] [−] [3] [=]	Math ▲ $\frac{1}{2}\times(-1)+4\times(-1)^{3}$-▷ $-\frac{15}{2}$
[−] [2] [x^2] [×] [(] [−] [2] [÷] [6] [+] [5] [■/■] [2] [▶] [×] [(] [(−)] [2] [−] [(] [(−)] [4] [)] [x^2] [▶] [)] [)] [=]	Math ▲ $-2^{2}\times\left(-2\div6+\frac{5}{2}\times(-\right.$▷ $\frac{544}{3}$
[SHIFT] [hyp] [√■] [5] [▶] [−] [1] [▶] [+] [SHIFT] [hyp] [√■] [5] [▶] [−] [2] [▶] [+] [SHIFT] [hyp] [√■] [5] [▶] [−] [3] [▶] [+] [SHIFT] [hyp] [√■] [5] [▶] [−] [4] [▶] [=]	Math ▲ $\lvert\sqrt{5}-1\rvert+\lvert\sqrt{5}-2\rvert+\lvert$▷ 4

A-4 분수의 입력과 계산

- $\frac{2}{3}+\frac{1}{2}$, $4-3\frac{1}{2}$, $\frac{1}{2+3}+4$의 입력 예

Math ▲ $\frac{2}{3}+\frac{1}{2}$ → $\frac{7}{6}$	Math ▲ $4-3\frac{1}{2}$ → $\frac{1}{2}$	Math ▲ $\frac{1}{2+3}+4$ → $\frac{21}{5}$
[2] [■/■] [3] [▶] [+] [1] [■/■] [2] [=]	[4] [−] [SHIFT] [■/■] (■$\frac{■}{■}$) [3] [▶] [1] [▼] [2] [=]	[1] [■/■] [2] [+] [3] [▶] [+] [4] [=]

- 분수의 대분수 변환 : [SHIFT] [S⇔D]

보기 A-4 다음을 풀어라.

(1) $\frac{30}{8}$를 약분하고 그 결과를 대분수로 바꾸어라.

(2) $\left(2-\frac{7}{3}\right)-\frac{5}{4}\div\frac{9}{7}$을 계산하여 소수로 나타내어라.

3 0 [분수] 8 =	$\frac{30}{8}$ Math ▲ $\frac{15}{4}$
SHIFT S⇔D [대분수 전환]	$\frac{30}{8}$ Math ▲ $3\frac{3}{4}$
(2 − 7 [분수] 3 ▶) − 5 [분수] 4 ▶ ÷ 9 [분수] 7 = S⇔D	$\left(2-\frac{7}{3}\right)-\frac{5}{4}\div\frac{9}{7}$ Math ▲ -1.305555556

A-5 제곱근의 입력

• 제곱근 입력 방법

계산식	입력 방법
$\sqrt{2}$	[√■] [2]
$\sqrt[3]{2}$	[SHIFT] [√■] (^{3}√■) [2]
$\sqrt[5]{4}$	([SHIFT] [$x^■$]) (■√□) [5] ▶ [4]

보기 A-5 다음을 계산하여라.

(1) $3\sqrt{2}+5\sqrt{8}$

(2) $\dfrac{\sqrt{5}-\sqrt{2}}{\sqrt{5}+\sqrt{2}}$

(3) $\dfrac{\dfrac{1}{\sqrt{2}}}{\dfrac{2}{\sqrt{3}}}$

3 [√■] 2 ▶ + 5 [√■] 8 =	$3\sqrt{2}+5\sqrt{8}$ Math ▲ $13\sqrt{2}$

키 입력	화면
[□/□] [√■] [5] [▶] [−] [√■] [2] [▼] [√■] [5] [▶] [+] [√■] [2] [=]	D Math ▲ $\frac{\sqrt{5}-\sqrt{2}}{\sqrt{5}+\sqrt{2}}$ $\frac{7-2\sqrt{10}}{3}$
[□/□] [□/□] [1] [▼] [√■] [2] [▼] [□/□] [2] [▼] [√■] [3] [=]	D Math ▲ $\frac{\frac{\sqrt{2}}{2}}{\sqrt{3}}$ $\frac{\sqrt{6}}{4}$

A-6 수식의 수정

- 삭제 : [DEL] (삭제하고자 하는 문자 바로 오른쪽으로 이동 후)
- 삽입 : 입력하고자 하는 위치로 커서를 이동시킨 후 입력
- 이미 입력한 값 또는 식을 함수의 일부로 사용 : [SHIFT] [DEL](INS)

  [예] $\frac{7}{6}$을 입력 후 이것을 이용해 $\sqrt{\frac{7}{6}}$ 계산하기.

D Math ▲ $\frac{7}{6}$	D Math ▲ $\frac{7}{6}$	D Math ▲ $\sqrt{\frac{7}{6}}$
[□/□] [7] [▼] [6]	[◀] [◀] [◀] [◀]	[SHIFT] [DEL](INS) [√■]

보기 A-6 $\frac{1}{2}+\frac{3}{5}$와 $\sqrt{\frac{1}{2}}+\sqrt{\frac{3}{5}}$을 계산하고 $\sqrt{\frac{1}{2}}+\sqrt{\frac{3}{5}}$을 소수로 나타내어라.

키 입력	화면
[1] [□/□] [2] [▶] [+] [3] [□/□] [5] [=]	D Math ▲ $\frac{1}{2}+\frac{3}{5}$ $\frac{11}{10}$
[◀] [◀] [◀] [◀] [◀] [◀] [◀] [◀] [◀] [◀] [◀] [◀]	D Math ▲ $\frac{1}{2}+\frac{3}{5}$
[SHIFT] [DEL](INS)	D Math ▲ $\frac{1}{2}+\frac{3}{5}$

[√■]	$\sqrt{\frac{1}{2}}+\frac{3}{5}$
▶▶▶▶▶▶▶	$\sqrt{\frac{1}{2}}+\frac{3}{5}$
[SHIFT] [DEL](INS)[√■] [=]	$\sqrt{\frac{1}{2}}+\sqrt{\frac{3}{5}}$ $\frac{2\sqrt{15}+5\sqrt{2}}{10}$
[S⇔D]	$\sqrt{\frac{1}{2}}+\sqrt{\frac{3}{5}}$ 1.48170345

A-7 백분율 계산

- 백분율 : 비율에 100을 곱한 수로 전체가 100인 비율
- 나눗셈 입력 후 [SHIFT] [(](%)를 누르면 해당 비율의 백분율을 계산

150의 20%	780에 대한 540의 백분율
$150 \times 20\%$	$540 \div 780 \times 100$
[1] [5] [0] [×] [2] [0] [SHIFT] [(] [=]	[5] [4] [0] [÷] [7] [8] [0] [SHIFT] [(] [=] [S⇔D]
150×20% 30	540÷780% 69.23076923
	$\frac{540}{780}$×100 69.23076923

보기 A-7 2700에서 15%가 증가된 총 양을 구하여라.

[2] [7] [0] [0] [+] [2] [7] [0] [0] [×] [1] [5] [SHIFT] [(] [=]	2700+2700×15% 3105

A-8 수의 대소 비교

- 실수의 대소 비교 :

  $A-B>0 \Leftrightarrow A>B, \quad A-B<0 \Leftrightarrow A<B, \quad A-B=0 \Leftrightarrow A=B$

보기 A-8 다음 두 수의 대소를 비교하여라.

(1) $1+\sqrt{2}$, $\sqrt{5}$ (2) $\sqrt{2}-1$, $2-\sqrt{2}$

[1] [+] [√■] [2] [▶] [−] [√■] [5] [=] [$1+\sqrt{2}-\sqrt{5}$를 계산, 양수이므로 $1+\sqrt{2}>\sqrt{5}$]	1+√2−√5 Math ▲ 0.1781455849
[√■] [2] [▶] [−] [1] [−] [(] [2] [−] [√■] [2] [▶] [)] [=] [S⇔D] [$\sqrt{2}-1-(2-\sqrt{2})$를 계산, 음수이므로 $\sqrt{2}-1<2-\sqrt{2}$]	√2−1−(2−√2) Math ▲ −0.1715728753

A-9 주요 상수

- 자연대수 e : $\lim_{n\to\infty}\left(1+\frac{1}{n}\right)^n$로 정의되는 수

  입력 [ALPHA] [×10ˣ] (e), 밑이 e인 지수의 경우 [SHIFT] [ln] $(e^{■})$

- 원주율 π : 원에서 $\frac{(\text{둘레})}{(\text{지름})}$로 정의되는 수

  입력 [SHIFT] [×10ˣ] (π)

$\pi(0.5)^2$	$e^{\frac{1}{2}}$
[SHIFT] [×10ˣ] [×] [(] [0] [•] [5] [)] [x^2]	[SHIFT] [ln] [1] [■/□] [2]
π×(0.5)² Math ▲ $\frac{1}{4}\pi$	$e^{\frac{1}{2}}$ Math ▲ 1.648721271

보기 A-9 다음을 계산하여라.

(1) $\frac{1}{2}\pi \cdot 5^2$　　　　　　　　(2) $\frac{e^2 - e^{-2}}{2}$

입력	화면
[1] [▭/▭] [2] [▶] [SHIFT] [×10ˣ] [×] [5] [x■] [2] [=]	D Math ▲ $\frac{1}{2}\pi\times5^2$ $\frac{25}{2}\pi$
[▭/▭] [ALPHA] [×10ˣ] [x■] [2] [▶] [−] [ALPHA] [×10ˣ] [x■] [(−)] [2] [▼] [2]	D Math ▲ $\frac{e^2-e^{-2}}{2}$ 3.626860408

A-10 변수에 값을 저장하여 식의 값 계산하기

- 계산기 변수의 종류 : X, Y, A, B, C, D, E, F
- 변수 명 : 대체 기능의 (녹색 괄호 안)에 빨간색으로 표기됨
- 변수에 값 저장하기 : 값 입력 > [SHIFT] [RCL](STO) > 변수 지정

변수 명	입력 방법	
	값을 변수에 저장	변수 사용
X	값 [SHIFT] [RCL] [)]	[ALPHA] [)]
Y	값 [SHIFT] [RCL] [S⇔D]	[ALPHA] [S⇔D]
A	값 [SHIFT] [RCL] [(−)]	[ALPHA] [(−)]
B	값 [SHIFT] [RCL] [°''']	[ALPHA] [°''']
C	값 [SHIFT] [RCL] [hyp]	[ALPHA] [hyp]
D	값 [SHIFT] [RCL] [sin]	[ALPHA] [sin]
E	값 [SHIFT] [RCL] [cos]	[ALPHA] [cos]
F	값 [SHIFT] [RCL] [tan]	[ALPHA] [tan]

• 변수 값 저장, 확인, 및 삭제

기능	입력 방법
7을 변수 A에 입력	[7] [SHIFT] [RCL] [)]
3+5를 변수 A에 입력	[3] [+] [5] [SHIFT] [RCL] [)]
변수 A의 값을 10배	[ALPHA] [)] [×] [1] [0] [=]
변수 A의 값 확인	[RCL] [(−)]
변수 A의 내용 삭제(0을 A에 입력)	[0] [SHIFT] [RCL] [(−)]

• 변수 값 특징 : 전원을 꺼도 변수에 저장된 값은 보관됨

보기 A-10 $x=2,\ y=-3$일 때 식 $x^3-3x^2y-2xy^3$의 값을 구하여라.

입력	화면
[2] [SHIFT] [RCL] [)] [2를 변수 X에 저장]	Math ▲ 2→X 2
[(−)] [3] [SHIFT] [RCL] [S⇔D] [−3을 Y에 저장]	Math ▲ -3→Y -3
[ALPHA] [)] [$x^■$] [0] [▶] [−] [Abs] [x^2] [ALPHA] [S⇔D] [−] [2] [ALPHA] [)] [ALPHA] [S⇔D] [$x^■$] [3] [=]	Math ▲ X³-3²Y-2XY³ 143

A-11 식을 입력하고 변수에 값을 입력하여 식의 값 계산

• CALC([CALC]) : 식을 먼저 입력하고 변수 값을 나중에 입력하여 계산
• [CALC]사용 가능모드 : COMP(계산) ([MODE] [1])모드 또는 복소수 ([MODE] [2])모드
• 계산 방법 : 식을 입력 > [CALC] > 사용된 문자에 값을 입력 > [=]

보기 A-11 $3A^2B+2BA^2-A^3$를 입력 후 $(A,\ B)=(5,\ 10)$, $(7,\ 20)$의 경우의 값을 구하여라.

[3] [ALPHA] [(−)] [SHIFT] [x^2] [ALPHA] [°'"] [+] [2] [ALPHA] [°'"] [ALPHA] [(−)] [x^2] [−] [ALPHA] [(−)] [SHIFT] [x^2] [식 $3A^2B+2BA^2-A^3$ 입력]	Math ▲ 3A³B+2BA²-A³
[CALC] [[CALC]를 누르면 변수 A값 입력 대기, 아래 0은 현재 A의 값을 의미, 이전 계산과정에 따라 다르게 표시될 수 있음]	Math ▲ A? 0
[5] [=] [[5] [=]를 누르면 변수 B의 값 입력 대기, 아래 0은 현재 B의 값을 의미, 이전 계산과정에 따라 다르게 표시될 수 있음]	Math ▲ B? 0
[1] [0] [=] [[1] [0] [=]를 누르면 $3A^2B+2BA^2-A^3$의 값 출력]	Math ▲ 3A³B+2BA²-A³ 4125
[CALC] [다시 [CALC]를 누르면 변수 A값 입력 대기, 아래 5는 현재 A의 값을 의미]	Math ▲ A? 5
[7] [=] [[7] [=]를 누르면 변수 B의 값 입력 대기, 아래 10은 현재 B의 값을 의미]	Math ▲ B? 10
[2] [0] [=] [[2] [0] [=]를 누르면 $3A+B$의 값 출력]	Math ▲ 3A³B+2BA²-A³ 22197

A-12 결과 메모리

- 결과 메모리 : 마지막 계산 결과는 결과 메모리 Ans([Ans])에 저장됨
- 독립 메모리 특징 : 최근에 얻은 결과 값으로 업데이트됨. 전원을 끄면 가장 마지막 계산 결과를 저장함.
- 결과 메모리 활용 방법(예)

기능	입력 방법
3×4의 결과를 30으로 나눔	[3] [×] [4] [=] (이어서) [÷] [3] [0]
123에서 최근 결과를 빼기	[1] [2] [3] [−] [Ans] [=]
결과 메모리 값 호출	[Ans] [=]
결과 메모리 내용 삭제(0을 Ans에 입력)	[0] [=]

보기 A-12 다음을 계산하여라.

(1) $\frac{1}{10}+\frac{1}{5}+\frac{1}{4}$를 구하여라.

(2) (1)의 역수를 구하여라. 즉 $\frac{1}{((1)\text{의 결과})}$를 구하여라.

(이 식의 결과는 $\frac{1}{\frac{1}{10}+\frac{1}{5}+\frac{1}{4}}$와 같다.)

[1] [▭/▭] [1] [0] [▶] [+] [1] [▭/▭] [5] [▶] [+] [1] [▭/▭] [4] [=]	Math ▲ $\frac{1}{10}+\frac{1}{5}+\frac{1}{4}$ $\frac{11}{20}$
[1] [▭/▭] [Ans] [=]	Math ▲ $\frac{1}{\text{Ans}}$ $\frac{20}{11}$

A-13 다중 계산

- 다중 계산 : 수식을 여러 개 입력하여 연속하여 계산 가능하며, 결과 메모리 활용 가능
- 식의 구분은 : 으로 하며 [ALPHA] [∫▭] (:)로 입력
- 입력 후 [=]을 누르면 입력된 식의 결과가 순차적으로 표시

5+8:5-8:5×8:5÷8	5+8 13	5-8 -3
입력	[=]	[=]
5×8 40	5÷8 $\frac{5}{8}$	5÷8 0.625
[=]	[=]	[S⇔D]

보기 A-13 세 변의 길이가 a, b, c인 삼각형의 넓이는 $S=\sqrt{s(s-a)(s-b)(s-c)}$이다. 단, $s=\frac{1}{2}(a+b+c)$. 다음 세 변의 길이를 갖는 삼각형의 넓이를 구하여라.

(1) $a=1$, $b=2$, $c=2$

(2) $a=4$, $b=5$, $c=6$

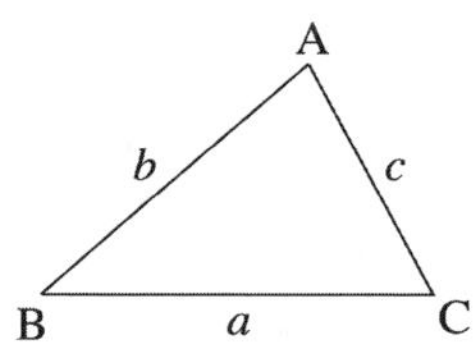

[□/□] [ALPHA] [(−)] [+] [ALPHA] [°'"] [+] [ALPHA] [hyp] [▼] [2] [▶] [ALPHA] [∫□] [√■] [Ans] [(] [Ans] [−] [ALPHA] [(−)] [)] [(] [Ans] [−] [ALPHA] [°'"] [)] [(] [Ans] [−] [ALPHA] [hyp] [)] $\left[\frac{\mathrm{A+B+C}}{2}: \sqrt{\mathrm{Ans}(\mathrm{Ans}-\mathrm{A})(\mathrm{Ans}-\mathrm{B})(\mathrm{Ans}-\mathrm{C})}\right.$ 입력]	$\frac{A+B+C}{2}$:√Ans(Ans-▶ ◀Ans-B)(Ans-C)
[CALC] [1] [=] [2] [=] [2] [=] [CALC를 누르고 $A=1$, $B=2$, $C=2$ 입력 후 s 계산]	$\frac{A+B+C}{2}$ $\frac{5}{2}$
[=] [S 계산]	√Ans(Ans-A)(Ans▶ $\frac{\sqrt{15}}{4}$
[CALC] [4] [=] [5] [=] [6] [=] [CALC를 누르고 $A=4$, $B=5$, $C=6$ 입력 후 s 계산]	$\frac{A+B+C}{2}$ $\frac{15}{2}$
[=] [S 계산]	√Ans(Ans-A)(Ans▶ $\frac{15\sqrt{7}}{4}$

A-14 방정식의 풀이

- 방정식의 계산 : SOLVE(SHIFT CALC), 방정식의 근사해법으로 뉴턴의 방법을 이용
- 일차방정식 계산 절차

(1) 방정식 입력 : 변수를 사용하여 방정식 입력

의미	화면
X에 관해 방정식을 푼다는 의미로 아래의 0은 현재 X에 저장된 초기값을 말한다.	Solve for X 0

(2) SOLVE 선택 : SHIFT CALC (SOLVE)

입력 규칙	입력 방법
방정식에서의 등호	ALPHA CALC $(=)$
방정식 입력 식$=0$ 또는 식	$2X+5=0$, $2X=-5$ 또는 $2X+5$
2X+5=0	2 ALPHA) + 5 ALPHA CALC 0

(3) 초기값 설정 및 방정식 풀이: 초기값(보통 0)을 입력 후 =

(4) 주의사항 : COMP 계산 모드(MODE 1)에서만 계산 가능

- L-R의 의미 : 방정식의 해를 대입하였을 때, 방정식의 좌변과 우변의 차이, 즉 오차이며 0에 가까울수록 정확한 해임

의미	화면
$2X+5=0$을 푼다 해가 $X=-2.5$임 좌변과 우변의 차이가 0으로 오차는 0임	2X+5=0 X= -2.5 L-R= 0

보기 A-14 다음 방정식을 풀어라.

(1) $2(x+1)=x+1$

(2) $\dfrac{v-50}{5}+\dfrac{v}{10}+\dfrac{v}{40}-3=0$

[2] [(] [ALPHA] [)] [+] [1] [)] [ALPHA] [CALC] [ALPHA] [)] [+] [1]	2(X+1)=X+1
[SHIFT] [CALC](SOLVE) [−2.5는 현재 X에 저장된 값으로 경우에 따라 값이 달라짐]	Solve for X -2.5
[0] [=] [초기값을 0으로 두면 해는 $X=-1$이며 오차가 없으므로 정확한 해임]	2(X+1)=X+1 X= -1 L-R= 0
[▭/▭] [ALPHA] [)] [−] [5] [0] [▼] [5] [▶] [+] [▭/▭] [ALPHA] [)] [▼] [1] [0] [▶] [+] [▭/▭] [ALPHA] [)] [▼] [4] [0] [▶] [−] [3] [ALPHA] [CALC] [0]	$\frac{X-50}{5}+\frac{X}{10}+\frac{X}{40}-3=0$
[SHIFT] [CALC] [−1은 현재 X에 저장된 값으로 초기값으로 사용하며 경우에 따라 다른 값이 표시될 수 있음]	Solve for X -1
[=] [해는 $v=40$]	$\frac{X-50}{5}+\frac{X}{10}+\frac{X}{40}-3=0$ X= 40 L-R= 0

A-15 이차방정식 풀이

• 이차방정식 풀이: 방정식(EQN) 모드([MODE] [5])

1:COMP 2:CMPLX 3:STAT 4:BASE-N 5:EQN 6:MATRIX 7:TABLE 8:VECTOR	1:anX+bnY=cn 2:anX+bnY+cnZ=dn 3:aX²+bX+c=0 4:aX³+bX²+cX+d=0	a b c [0 0 0] 0
[MODE] [5]	[3]	

(1) 방정식 종류 선택 : 3:$aX^2+bX+c=0$ (이차방정식)

(2) 계수입력 : 화면에 표시되는 계수 a, b, c를 차례로 입력하며 값 입력 후 [=]

(참고) 하단의 0은 현재 a에 입력된 값을 의미

(참고) [AC]를 누르면 모든 계수가 0으로 초기화됨

(참고) 입력 값 변경 시 커서로 해당 계수를 선택하고 수정 값을 입력

(4) 방정식 풀이 : 모든 계수 입력 후 [=]

(5) 주의사항 : COMP 계산 모드([MODE] [1])에서만 가능

- 계수 입력 시 간단한 계산값의 입력이 가능하며 입력은 선형 입력방식임

계수 입력 예	화면
[1] [⊟] [(] [2] [×] [3] [)] [+] [4] [a=2, b=3, c=$\frac{1}{2\times3}+4$]	[a 2 b 3 c] 1⌟(2×3)+4
[=] [선형 출력임에 유의, $\frac{25}{6}$]	[a 2 b 3 c 4.1666] 25⌟6

- 방정식 계산모드 종료 : 다른 모드, 예를 들어 COMP(계산) 모드 선택
- 해의 개수 : 근이 중근인 경우 1개만 나옴, 허근인 경우 복소수 근이 2개 나옴

보기 A-15 다음 이차방정식의 해를 구하여라.

$$x^2 - x - 1 = 0$$

[MODE] [5] [3]	[a b 0 c 0] 0
[1] [=] [−] [1] [=] [−] [1] [=]	[a b 0 c 0] 0
[=]	X1= $\frac{1+\sqrt{5}}{2}$
[=]	X2= $\frac{1-\sqrt{5}}{2}$

A-16 삼차방정식 풀이

- **삼차방정식 풀이**: 방정식(EQN) 모드(MODE 5)

1:COMP 2:CMPLX 3:STAT 4:BASE-N 5:EQN 6:MATRIX 7:TABLE 8:VECTOR	1:anX+bnY=cn 2:anX+bnY+cnZ=dn 3:aX²+bX+c=0 4:aX³+bX²+cX+d=0	a b c d Math [1 3 4] 4
MODE 5	4	

방정식 종류 선택만 4:aX ^{3} + bX ^{2} + cX + d = 0 (삼차방정식)로 다르고 이차방정식과 같은 방법으로 계산

- (참고) d 입력창은 c 입력 후 나타남
- (근의 개수) 삼차방정식의 해는 1개, 2개, 3개일 수 있으며 중근은 마지막에 출력

보기 A-16 다음 방정식을 풀어라.

(1) $2x^3 - 1 = x^2 - 2x$　　　(2) $x^3 - 3x^2 + 1 = 0$

MODE 5 4	a b c Math [0 0] 0
2 = (-) 1 = 2 = (-) 1 = [계수 입력]	b c d Math [1 -1 2 -1] -1
=	X1= Math▼ $\frac{1}{2}$
=	X2= Math▼▲ i
=	X3= Math ▲ -i

키 조작	화면
[AC] [AC] [계수 입력창 초기화]	a b c d [0 0 0] 0
[1] [=] [(−)] [3] [=] [0] [=] [1] [=] [계수 입력]	a b c d [1 -3 0 1] 1
[=]	X_1= 2.879385242
[=]	X_2= 0.6527036447
[=]	X_3= -0.5320888862

A-17 미지수가 2개인 연립 일차방정식의 풀이

- 연립방정식 풀이: 방정식(EQN) 모드([MODE] [5])

1:COMP 2:CMPLX 3:STAT 4:BASE-N 5:EQN 6:MATRIX 7:TABLE 8:VECTOR	1:anX+bnY=cn 2:anX+bnY+cnZ=dn 3:aX²+bX+c=0 4:aX³+bX²+cX+d=0	a b c 1 [0 0 0] 2 [0 0 0] 0
[MODE] [5]	[1]	

(1) 방정식 종류 선택 : 1:anX + bnY = cn (미지수가 2개인 연립 일차방정식)

(2) 계수 입력 : 화면에 표시되는 계수 a, b, c를 차례로 입력하며 값 입력 후 [=]

(3) 방정식 풀이 : 모든 계수 입력 후 [=]

- (참고) 근이 없거나 무수히 많으면 에러가 표시됨.

```
Math ERROR

[AC]   :Cancel
[◀][▶]:Goto
```

보기 A-17 x, y에 관한 연립 일차방정식 $\begin{cases} y = 2x + 1 \\ x + 3y = 10 \end{cases}$ 을 풀어라.

(참고: 계수는 $\begin{cases} -2\,x + \quad y = 1 \\ \quad\; x + 3\,y = 10 \end{cases}$의 형태로 정리하여 입력)

MODE 5 1	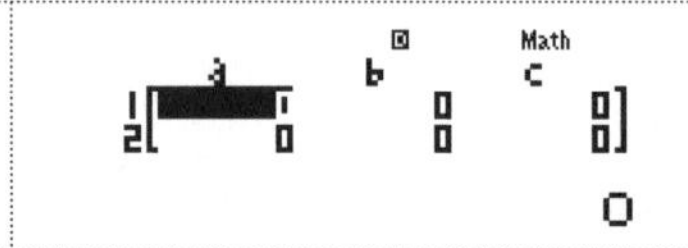
(−) 2 = 1 = 1 = 1 = 3 = 1 0	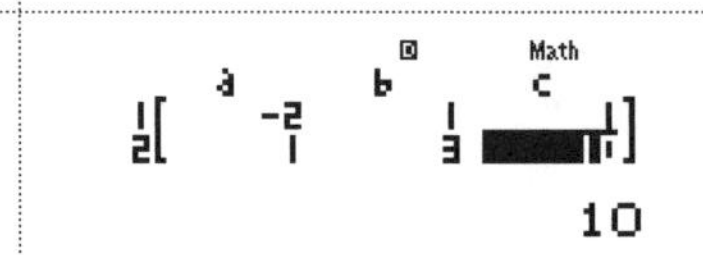
=	X= 1
=	Y= 3

A-18 미지수가 3개인 연립 일차방정식의 풀이

- 연립방정식 풀이: 방정식(EQN) 모드(MODE 5)사용

1:COMP 2:CMPLX 3:STAT 4:BASE-N 5:EQN 6:MATRIX 7:TABLE 8:VECTOR	1:anX+bnY=cn 2:anX+bnY+cnZ=dn 3:aX2+bX+c=0 4:aX3+bX2+cX+d=0	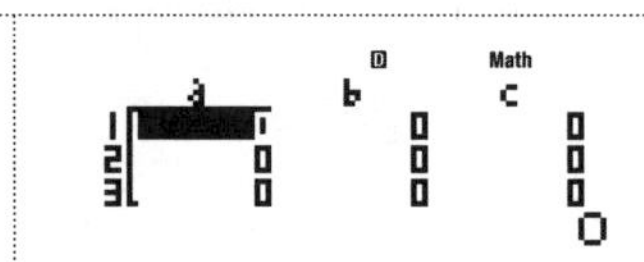
MODE 5	4	

방정식 종류 선택만 2:$a_n X + b_n Y + c_n Z = d_n$ (미지수가 3개인 연립 일차방정식)로 다르고 미지수가 2개인 연립 일차방정식과 같은 방법으로 계산한다.

- (참고) d 입력창은 c 입력 후 나타난다.

보기 A-18 연립 일차방정식의 해를 구하여라.

(1) $\begin{cases} x+3y-2z=5 \\ 3x+5y+6z=7 \\ 2x+4y+3z=8 \end{cases}$

(2) $\begin{cases} T+C+R=141.0 \\ T+0.9C+4R=424.4 \\ \left(\dfrac{3}{5}+\dfrac{3}{4}-\dfrac{11}{20}\right)T+\dfrac{7}{10}C+\left(\dfrac{8}{54}-\dfrac{5}{12}+\dfrac{83}{108}\right)R=82.7 \end{cases}$

키 입력	화면
[MODE] [5] [2] [1] [=] [3] [=] [−] [2] [=] [5] [=] [3] [=] [5] [=] [6] [=] [7] [=] [2] [=] [4] [=] [3] [=] [8] [=]	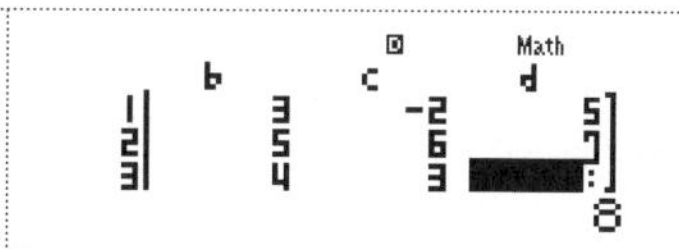
[=]	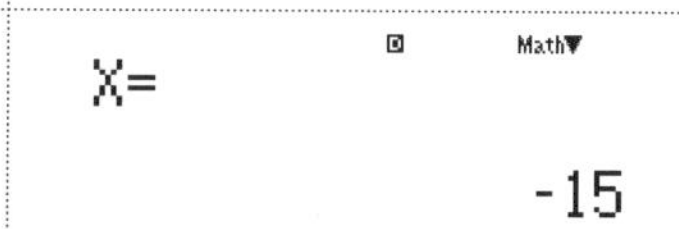
[=]	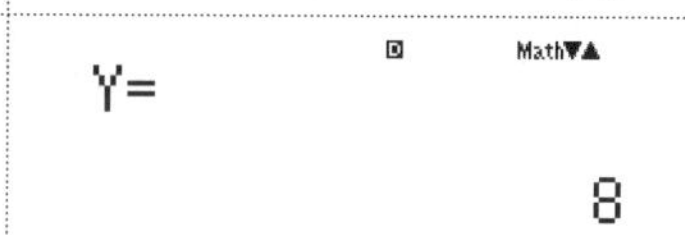
[=]	
[MODE] [5] [2] [(1), (2) 계수 입력 생략] [3] [$\frac{\square}{\square}$] [5] [+] [3] [$\frac{\square}{\square}$] [4] [−] [1] [1] [$\frac{\square}{\square}$] [2] [0]	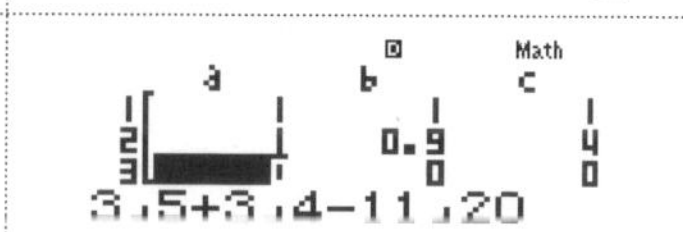
[=] [7] [$\frac{\square}{\square}$] [1] [0] [=]	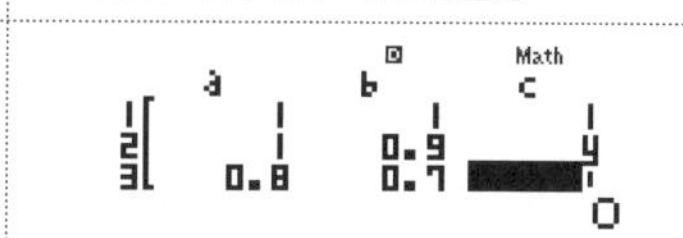
[8] [$\frac{\square}{\square}$] [5] [4] [−] [5] [$\frac{\square}{\square}$] [1] [2] [+] [8] [3] [$\frac{\square}{\square}$] [1] [0] [8]	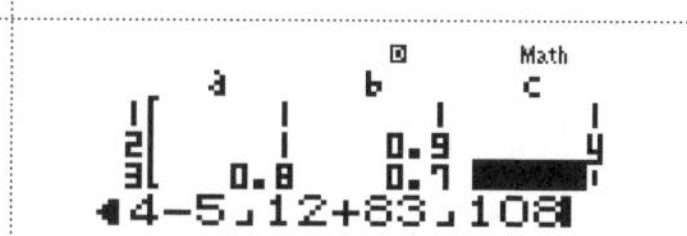
[=] [8] [2] [•] [7]	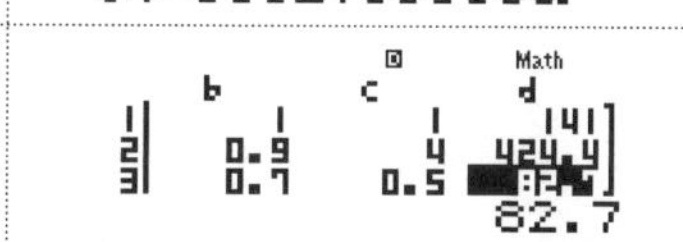
[=]	
[=]	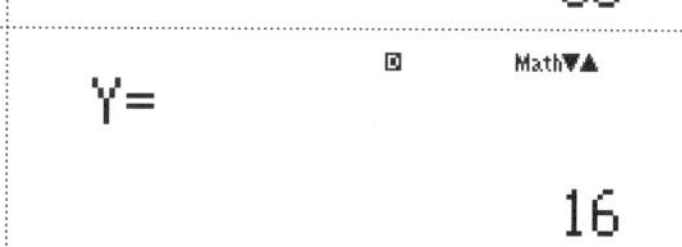

⊜	Z= 95

A-19 함숫값 표 작성

- 함숫값 표 작성 : 함수 표 작성 모드(MODE 7)
  (1) 함수 입력: 변수 X를 사용하여 f(X)에 함수식 입력
  (참고) 변수 X는 ALPHA)(X)로 입력하며 입력 후 ⊜
  (2) X의 시작값, 끝값, 늘어나는 값(증분) 입력 : 단계별로 입력하며 다음 단계는 ⊜

입력 내용	화면
X의 시작값 입력 (초기값=1)	Start? 1
X의 끝값 입력 (초기값=5)	End? 5
X의 증분 입력 (초기값=1)	Step? 1

예 $f(x) = x^3 + 2x - 1$의 경우 시작값 1, 끝값 3, 증분 0.5로 설정하면 다음 표가 작성됨

작성된 표(전체)			화면
	X	F(X)	
1	1	2	X F(X) / 1 1 2 / 2 1.5 5.375 / 3 2 11 / 1
2	1.5	5.375	
3	2	11	X F(X) / 3 2 11 / 4 2.5 19.625 / 5 3 32 / 3
4	2.5	19.625	
5	3	32	

- (참고) 계산 후 AC 를 누르면 함수 입력 상태로 변경

보기 A-19 함수 $f(x)=x^2-2x+5$의 다음 표를 채워라.

x	0	0.2	0.4	0.6	0.8	1	1.2	1.4	1.6	1.8	2
$f(x)$											

입력	화면
[MODE] [7] [ALPHA] [)] [x^2] [−] [2] [ALPHA] [)] [+] [5]	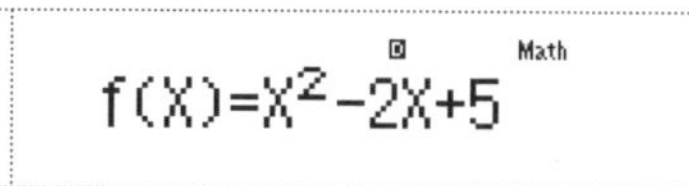
[0] [=] [1] [=] [0] [·] [2] [=] [Start? 0, End? 2, Step? 0.2 입력]	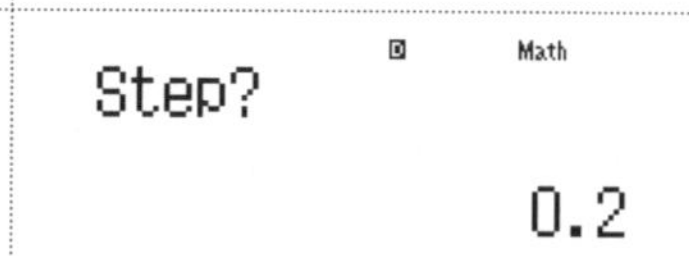
[=]	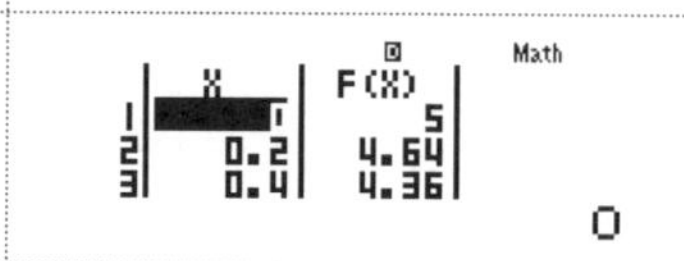
[▼] [▼] [▼]	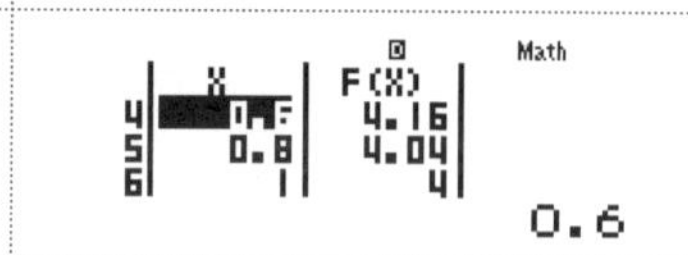
[▼] [▼] [▼]	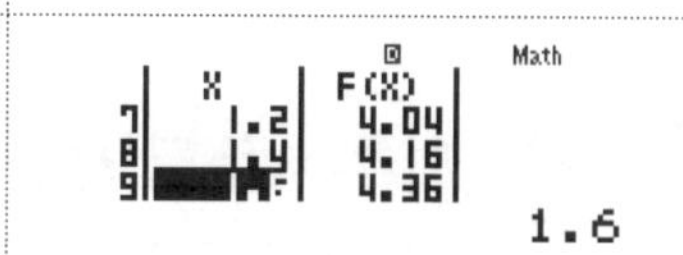
[▼] [▼] [▼]	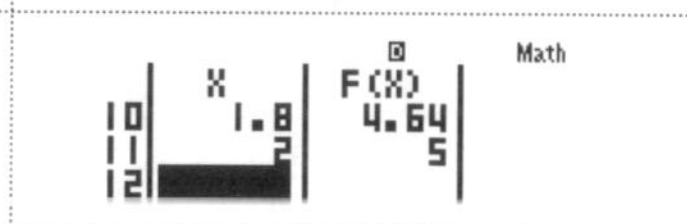

A-20 지수, 로그의 입력과 계산

• 지수, 제곱근, 로그의 입력 방법

계산식	입력 방법
$2^{\frac{3}{4}}$	[2] [$x^{■}$] [▤] [3] [▼] [4]
7^{-1}	[7] [x^{-1}]

$\sqrt[5]{4^3}$	[SHIFT] [$x^{■}$] ($^{■}\sqrt{□}$) [5] [▶] [4] [$x^{■}$] [3]
$\log 100$	[log] [1] [0] [0] [)]
$\log_2 8$	[$\log_■□$] [2] [▶] [8] [)]
$\ln e^2$	[ln] [ALPHA] [$\times 10^x$] [x^2] [)]

보기 A-20 $\log_2 \frac{2}{3} - \log_2 \frac{4}{3} + \log_2 32$을 계산하여라.

입력	화면
[$\log_■□$] [2] [▶] [$\frac{■}{□}$] [2] [▼] [3] [▶] [▶] [−] [$\log_■□$] [2] [▶] [$\frac{■}{□}$] [4] [▼] [3] [▶] [▶] [+] [$\log_■□$] [2] [▶] [3] [2] [=]	$\log_2\left(\frac{2}{3}\right) - \log_2\left(\frac{4}{3}\right)$▸ 4

A-21 지수, 로그방정식의 풀이

- 지수방정식의 계산 : SOLVE([SHIFT] [CALC]) 사용
  - (1) 방정식 입력 : 변수를 사용하여 방정식 입력
  - (2) SOLVE 선택 : [SHIFT] [CALC](SOLVE)
  - (4) 방정식 풀이 : [=]
  - (5) 주의사항 : COMP모드([MODE] [1])에서만 가능, 초기값에 따라서 정확한 해를 구할 수 없는 경우도 발생
- 로그방정식의 계산 : SOLVE([SHIFT] [CALC]) 사용
  - (1) 방정식 입력 : 변수를 사용하여 방정식 입력
  - (2) SOLVE 선택 : [SHIFT] [CALC](SOLVE)
  - (4) 방정식 선택 : [=]
  - (5) 주의사항 : 로그방정식에서는 진수가 양수이어야 하므로 초기값을 설정할 때에는 진수가 양수가 되도록 설정

보기 A-21 방정식 $\log_3(3x-2)=\log_3 2+\log_3(x+2)$을 풀어라.

키 입력	화면
[log■□] [3] [▶] [3] [ALPHA] [)] [−] [2] [▶] [ALPHA] [CALC] [log■□] [3] [▶] [2] [▶] [+] [log■□] [3] [▶] [SHIFT] [)] [+] [2] [방정식 입력]	Math ▲ ◀₃(2)+log₃(X+2)
[SHIFT] [CALC] [SOLVE사용, X의 초기값이 0으로 설정되어 있음]	Math ▲ Solve for X 0
[1] [0] [=] [초기값을 10으로 바꾸고 계산, 해는 X=6]	Math ▲ log₃(3X−2)=log₃▶ X= 6 L−R= 0

A-22 삼각함수의 입력과 계산

- 각의 입출력 초기 설정 : 60분법(도)
- 삼각함수의 각도 입력 시 닫는 괄호를 반드시 입력, 단 식의 마지막에서는 생략 가능

함수식	입력 방법
sin(30)	[sin] [3] [0] [)]
cos(45)	[cos] [4] [5] [)]
tan(60)	[tan] [6] [0] [)]
sec(120)	[cos] [1] [2] [0] [)] [x^{-1}]
csc(135)	[sin] [1] [3] [5] [)] [x^{-1}]
cot(150)	[tan] [1] [5] [0] [)] [x^{-1}]

- 시컨트, 코시컨트, 코탄젠트 함수의 경우 각각 코사인, 사인, 탄젠트 함수의 역수로 입력

Math ▲ cos(45)$^{-1}$ $\sqrt{2}$	Math ▲ sin(30)$^{-1}$ 2	Math ▲ tan(60)$^{-1}$ $\frac{\sqrt{3}}{3}$

보기 A-22 $12 \times \dfrac{\sin(58)}{\cos(51)}$를 계산하여라.

[1] [2] [×] [분수] [sin] [5] [8] [)] [▼] [cos] [5] [1] [)] [=]	12×sin(58)/cos(51) 16.17074117

A-23 도, 분, 초 입력 및 표시 전환

- 도, 분, 초 입력 : [°'"]
- 도, 분, 초의 구분은 따로 하지 않으며 비어 있는 단위는 0을 입력

내용	입력 방법	화면
42도 17분 35초	[4] [2] [°'"] [1] [7] [°'"] [3] [5] [°'"] [=]	42°17°35° 42°17'35"
51도 59초	[5] [1] [°'"] [0] [°'"] [5] [9] [°'"] [=]	51°0°59° 51°0'59"
42도 17분 35초+ 51도 59초	[4] [2] [°'"] [1] [7] [°'"] [3] [5] [°'"] [+] [5] [1] [°'"] [0] [°'"] [5] [9] [°'"] [=]	42°17°35°+51°0°▷ 93°18'34"

- 60분법은 시간 계산 시 사용하면 편리

예 1시간 25분 43초와 2시간 45분 52초를 더하면 4시간 11분 35초

1°25°43°+2°45°5▷ 4°11'35"

보기 A-23 $35°17'45'' - 12°55'13''$를 계산하여라.

[3] [5] [°'"] [1] [7] [°'"] [4] [5] [°'"] [−] [1] [2] [°'"] [5] [5] [°'"] [1] [3] [°'"] [=]	35°17°45°−12°55▷ 22°22'32"

A-24 호도법과 각도의 단위 설정

• 각의 입출력 단위 설정 : [SHIFT] [MODE] (SETUP)에서 3~4를 선택

1:MthIO 2:LineIO 3:Deg 4:Rad 5:Gra 6:Fix 7:Sci 8:Norm	D Math ▲	R Math ▲
[SHIFT] [MODE] (SETUP)	3: Deg (도)	4: Rad (라디안)

sin(45) D Math ▲ $\frac{\sqrt{2}}{2}$	sin($\frac{\pi}{4}$) R Math ▲ $\frac{\sqrt{2}}{2}$

• 각도가 60분법(도, Degree)으로 설정되어 있으면 인디케이터에 **D**가 표시됨

• 각도가 호도법(라디안, Radian)으로 설정되어 있으면 인디케이터에 **R**이 표시됨

보기 A-24 $\sin\left(\frac{\pi}{4}\right) + \cos\left(\frac{\pi}{3}\right)$를 계산하여라. 단, 각의 단위는 라디안이다.

[SHIFT] [MODE] [4] [라디안 입출력]	R Math
[sin] [SHIFT] [x10ˣ] [▭/▭] [4] [▶] [)] [+] [cos] [SHIFT] [x10ˣ] [▭/▭] [3] [▶] [)] [=]	sin($\frac{\pi}{4}$)+cos($\frac{\pi}{3}$) R Math ▲ $\frac{1+\sqrt{2}}{2}$

A-25 다른 단위의 각도 입력과 전환

• 각의 입출력 설정과 다른 단위의 각도 입력 : [SHIFT] [Ans] (DRG▶)

1:° 2:ʳ 3:ᵍ	1:° → 60분법(도) 2: ^{r} → 호도법(라디안) 3: ^{g} → 100분법(그레이드)
[SHIFT] [Ans] (DRG▶)	

- 입력하고자 각도를 입력하고 SHIFT Ans (DRG▶)을 누른 후 각도의 종류를 선택

sin(2	1:° 2:r 3:g	sin(2r) 0.9092974268
sin 2	SHIFT Ans (DRG▶)	2) =

- 다른 단위의 각도로 전환 : 전환을 원하는 각도의 단위로 입출력을 선택한 다음 전환하고자 하는 각을 입력

1:MthIO 2:LineIO 3:Deg 4:Rad 5:Gra 6:Fix 7:Sci 8:Norm		225° $\frac{5}{4}\pi$
SHIFT MODE	4	2 2 5 SHIFT Ans 1 =

1:MthIO 2:LineIO 3:Deg 4:Rad 5:Gra 6:Fix 7:Sci 8:Norm		$\frac{5\pi}{4}$r 225
SHIFT MODE	3	5 SHIFT x10ˣ ▭ 4 ▶ SHIFT Ans 2 =

보기 A-25 다음 60분법의 각은 호도법으로, 호도법의 각은 60분법으로 전환하여라.

(1) 60° (2) 315° (3) 720° (4) $\frac{\pi}{4}$r (5) $\frac{5\pi}{3}$r (6) 2r

SHIFT MODE 4 [라디안 입출력]	
6 0 SHIFT Ans 1 =	60° $\frac{1}{3}\pi$
AC 3 1 5 SHIFT Ans 1 =	315° $\frac{7}{4}\pi$
AC 7 2 0 SHIFT Ans 1 =	720° 4π

키 조작	화면
SHIFT MODE 3 AC [도 입출력]	D Math ▲
SHIFT ×10ˣ ▭/▭ 4 ▶ SHIFT Ans 2 =	D Math ▲ $\frac{\pi}{4}^{r}$ 45
AC 5 SHIFT ×10ˣ ▭/▭ 3 ▶ SHIFT Ans 2 =	D Math ▲ $\frac{5\pi}{3}^{r}$ 300
AC 2 SHIFT Ans 2 =	D Math ▲ 2^{r} 114.591559

계산기 활용

대학기초수학

지은이 전춘배
피낸이 조경희
펴낸곳 경문사
펴낸날 2017년 9월 1일 1판 1쇄
2018년 9월 1일 1판 3쇄
등 록 1979년 11월 9일 제313-1979-23호
주 소 04057, 서울특별시 마포구 와우산로 174
전 화 (02)332-2004 팩스 (02)336-5193
이메일 kyungmoon@kyungmoon.com
facebook facebook.com/kyungmoonsa

값 11,000원

ISBN 979-11-6073-052-4

★ 경문사 홈페이지에 오시면 즐거운 일이 생깁니다.
http://www.kyungmoon.com

한국과학기술출판협회 회원사